彩图 1　粉色花瓣类型

彩图 2　草莓黄色花粉粒

白色

粉红色

红色

深红色

彩图 3　果实颜色

白色

橙黄色

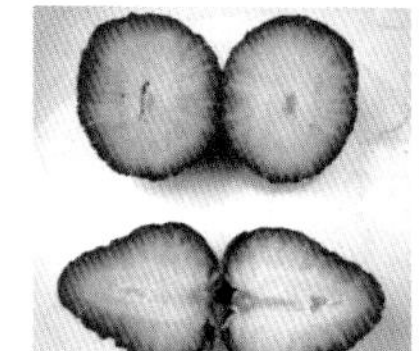
橙红色

红色

深红色

彩图 4　果肉颜色

彩图 5　草莓植株休眠状态

彩图 6　引茎

彩图 7　用育苗叉固定匍匐茎

彩图 8　红颜

彩图 9　章姬

彩图 10　桃薰

彩图 11　甜查理

彩图 12　京藏香

彩图 13　白雪公主

彩图 14　艳丽

彩图 15　红星

彩图 16　宁丰

彩图 17　宁玉

彩图 18　越丽

彩图 19　黔莓 1 号

彩图 20　黔莓 2 号

彩图 21　基质淤心

彩图 22　水滴浸湿柱头后产生畸形果

彩图 23　水滴浸湿叶片产生病害

彩图 24　赤霉素喷施过量

彩图 25　全明星

彩图 26　哈尼

彩图 27　密保

彩图 28　石莓 9 号

彩图 29　石莓 10 号

彩图 30　达赛莱克特

彩图 31　花瓣受冻变红

彩图 32　雌蕊受冻变褐

彩图 33　雌蕊受冻变黑

彩图 34　白粉病危害初期症状

彩图 35　叶片背面布满白色粉状物

彩图 36　严重时叶片卷起呈汤匙状

彩图 37　红褐色病斑

彩图 38　花瓣呈粉红色

彩图 39　花托染病不能膨大

彩图 40　白粉病危害幼果症状

彩图 41　白粉病危害果实后期的症状

彩图 42　叶缘处腐烂，湿度大时产生灰色霉层

彩图 43　严重时病叶枯死，长有灰色霉状物

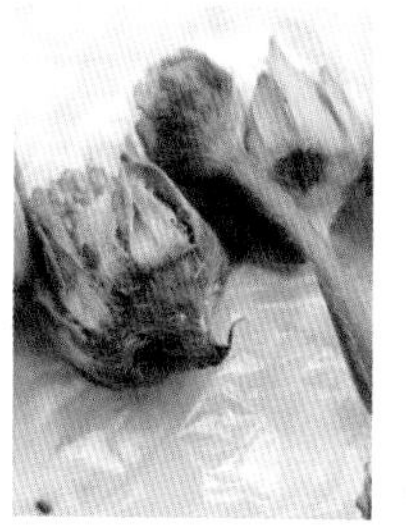

彩图 44　花蕾萼片上产生的病斑

彩图 45　受害严重时萼片枯死

彩图 46　未成熟的浆果染病

彩图 47　已着色果实染病产生油渍状坏死

彩图 48　果实上密生灰色霉状物

彩图 49　病原菌的分生孢子和分生孢子梗

彩图 50　青果染病出现浅褐色水烫状斑

彩图 51　青果染病果实黑褐色、干腐硬化

彩图 52　成熟果病部褪色，失去光泽

彩图 53　成熟果发病果实白腐软化

彩图 54　染病果实软化，腐烂流汤

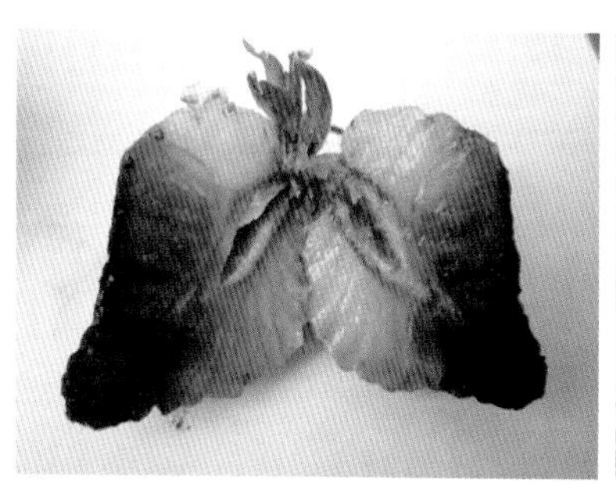

彩图 55　染病部位果肉变黑

彩图 56　果面上密生颗粒状黑霉

彩图 57　病果波及相邻果实

彩图 58　根部染病变黑腐烂

彩图 59　果面长满白色棉状菌丝

彩图 60　叶柄染病出现的纺锤形病斑

彩图 61　匍匐茎染病出现的纺锤形病斑

彩图 62　染病后引起植株萎蔫

彩图 63　整株萎蔫死亡

彩图 64　严重时植株成片死亡

彩图 65　根颈部纵切受害症状

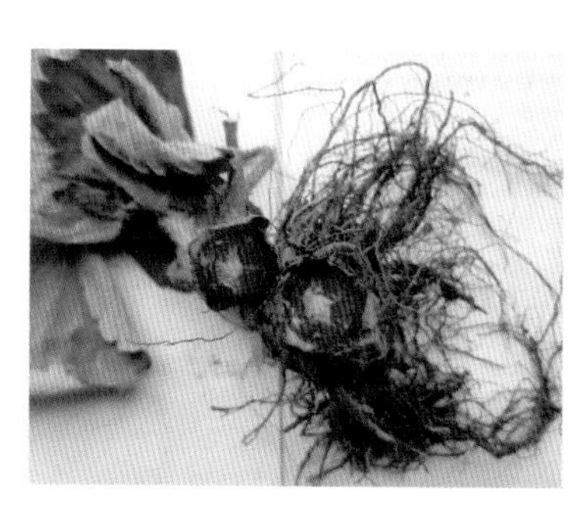

彩图 66　根颈部横切受害症状

彩图 67　炭疽病典型的果面凹陷及坏死

彩图 68　植株青枯状死亡

彩图 69　慢性萎缩型症状

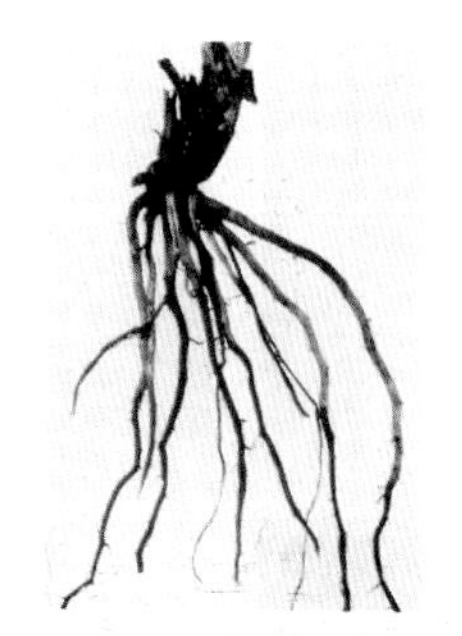

彩图 70　根尖先端或中部变褐

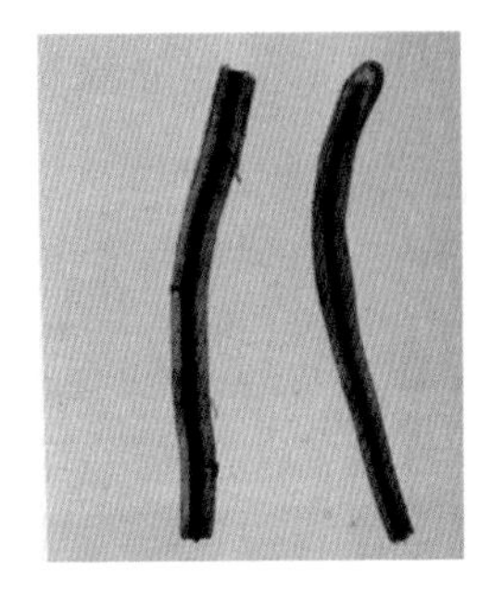

彩图 71　根纵切的受害症状

彩图 72　根颈初侵染受害症状

彩图 73　随着侵染，根颈中心发病逐渐严重

彩图 74　横切后期受害症状

彩图 75　纵切后期受害症状

彩图 76　全株枯死症状

彩图 77　花序、幼芽青枯枯萎

彩图 78　茎基部和根受害皮层腐烂

彩图 79　病叶初期症状

彩图 80　病叶后期症状

彩图 81　形成的“V”型病斑

彩图 82　全叶枯死

彩图 83　形成的暗紫红色小斑点

彩图 84　形成的蛇眼症状

彩图 85　黏菌病危害叶片症状

彩图 86　红褐色不规则形病斑

彩图 87　叶片发病后干缩破碎

彩图 88　染病后花瓣变为绿色

彩图 89　染病后绿色瘦果症状

彩图 90　植株及叶片感染病毒病症状

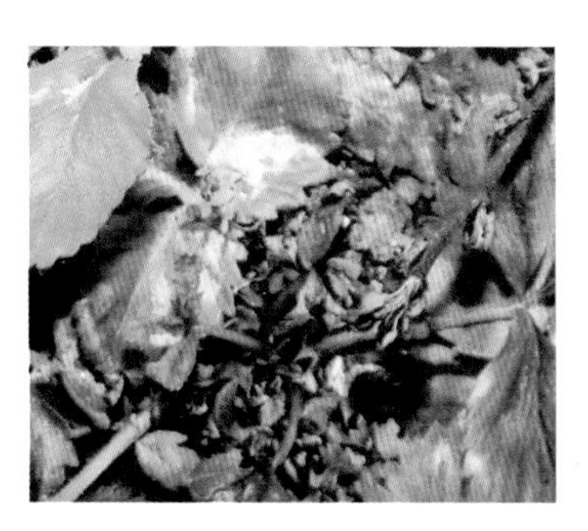

彩图 91　草莓线虫危害症状

彩图 92　受害叶片像翻转的酒杯或汤匙

彩图 93　轻时叶缘发生茶褐色干枯

彩图 94　严重时叶片大半枯死

彩图 95　受害初期呈白色烫伤状

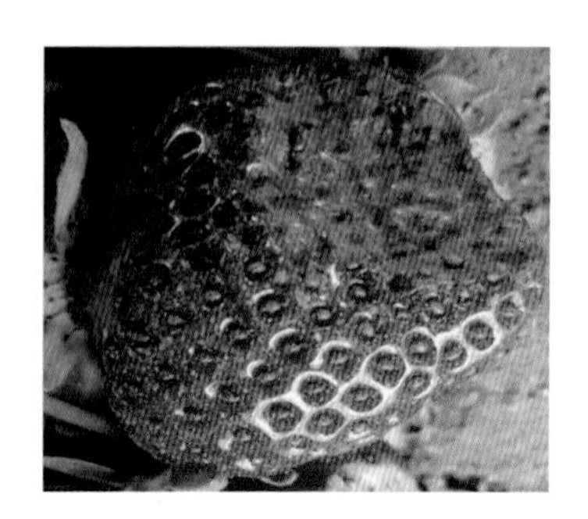

彩图 96　受害后期呈干瘪凹陷、浅褐色

彩图 97　叶片部分冻死干枯

彩图 98　花蕊受冻变为黑褐色死亡

彩图 99　花瓣受冻变为红色或紫红色

彩图 100　幼果受冻变暗红色干枯僵死

彩图 101　大果受冻发硬变褐

彩图 102　鸡冠型果

彩图 103　指头型果

彩图 104　多头果

彩图 105　果面凹凸不整齐

彩图 106　其他类型畸形果

彩图 107　叶片受害症状

彩图 108　萼片受害症状

彩图 109　果实部分变白

彩图 110　白化果腐败

彩图 111　多效唑施用过量时叶片受害症状

彩图 112　盐害危害叶片症状

彩图 113　盐害加重时叶片受害症状

彩图 114　整株叶片边缘受害症状

彩图 115　盐害引起植株脱水死亡

彩图 116　施用除草剂后植株受害症状

彩图 117　施用除草剂后根系生长状

彩图 118　开始缺氮时的症状

彩图 119　缺氮严重时的症状

彩图 120　缺磷加重时叶片呈黑色

彩图 121　缺磷加重时下部叶片为浅红色至紫色

彩图 122　叶片边缘出现黑褐色干枯

彩图 123　缺钾严重时叶片发展为灼伤状

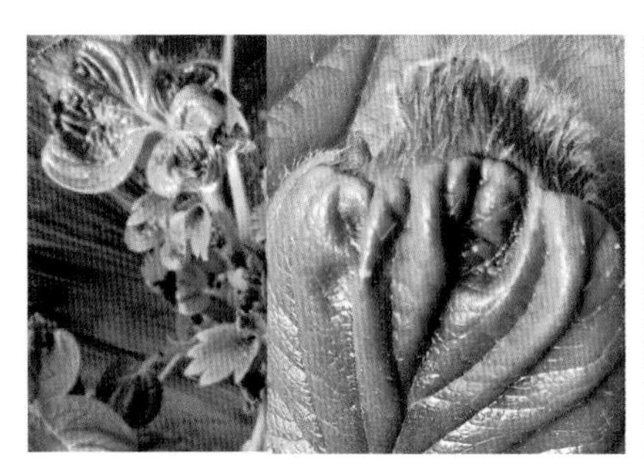

彩图 124　叶片顶部干枯变黑褐色并皱缩

彩图 125　花萼变黑褐色干枯

彩图 126　幼龄叶片黄化失绿

彩图 127　叶片黄化变白

彩图 128　严重时叶片边缘坏死

彩图 129　缺锌叶片表现出的症状

彩图 130　缺硼叶片边缘焦枯

彩图 131　缺硼果实呈瘤状

彩图 132　缺锰叶片初期症状

彩图 133　叶片变黄，有网状叶脉

彩图 134　叶脉暗绿色，叶脉间黄色

彩图 135　严重时叶缘上卷，有灼伤

彩图 136　缺硫时叶片呈浅绿色

彩图 137　缺硫叶片进一步变为黄色

彩图 138　蚜虫群集在幼嫩部位

彩图 139　蚜虫危害导致全株萎蔫枯死

彩图 140　煤污病危害叶片症状

彩图 141　叶片呈苍灰色

彩图 142　螨类群集

彩图 143　吐丝结网危害

彩图 144　植株如火烧状、矮化

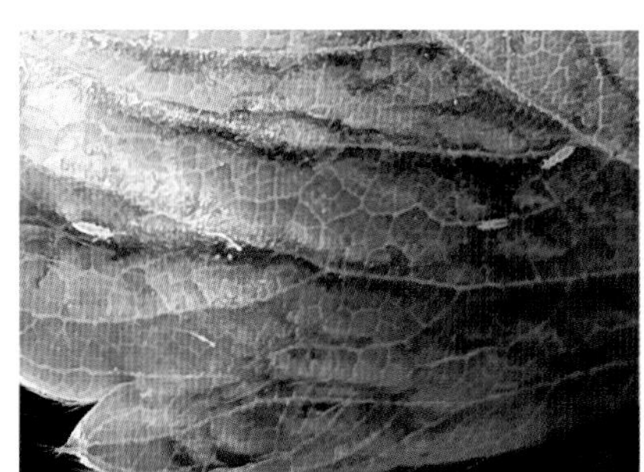

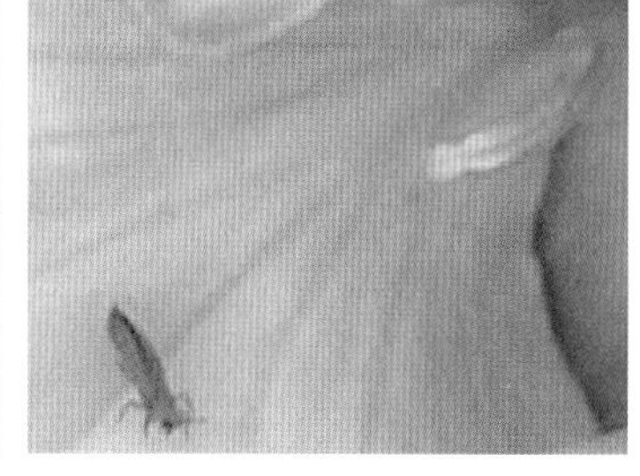

彩图 145　蓟马在草莓叶片、花上

彩图 146　危害初期灰白色条斑

彩图 147　叶脉变黑

彩图 148　叶片皱缩变黑、叶柄变黑

彩图 149　植株矮小、生长停滞

彩图 150　蓟马危害幼果初期症状

彩图 151　蓟马危害果实后期症状

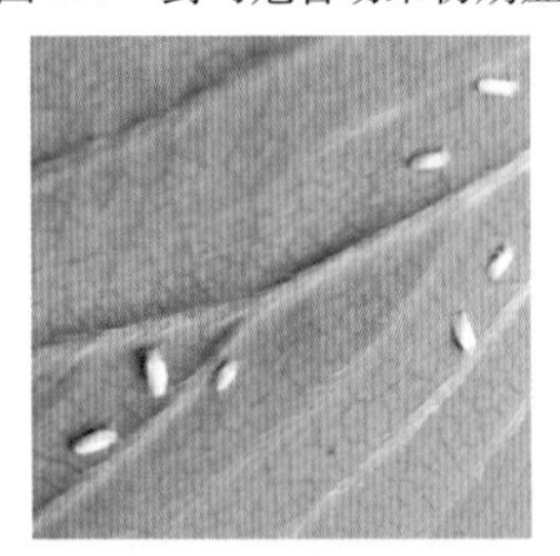

彩图 152　粉虱成虫

彩图 153　粉虱群集于叶背

彩图 154　苹毛丽金龟成虫

彩图 155　苹毛丽金龟幼虫

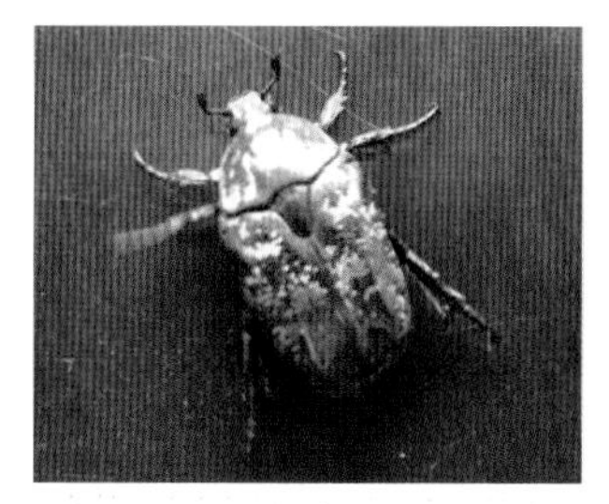

彩图 156　小青花金龟成虫

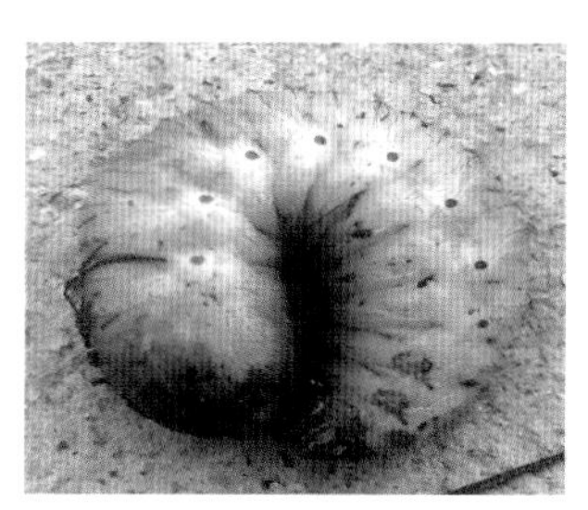

彩图 157　小青花金龟幼虫

彩图 158　黑绒金龟甲交配

彩图 159　黑绒金龟甲啃食叶片

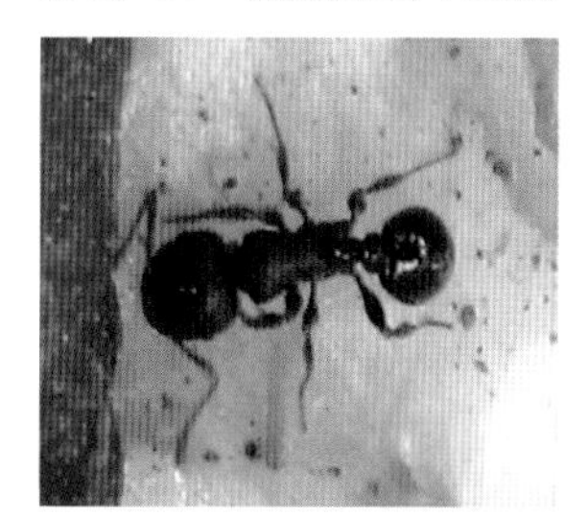

彩图 160　小家蚁

彩图 161　小家蚁咬食果实

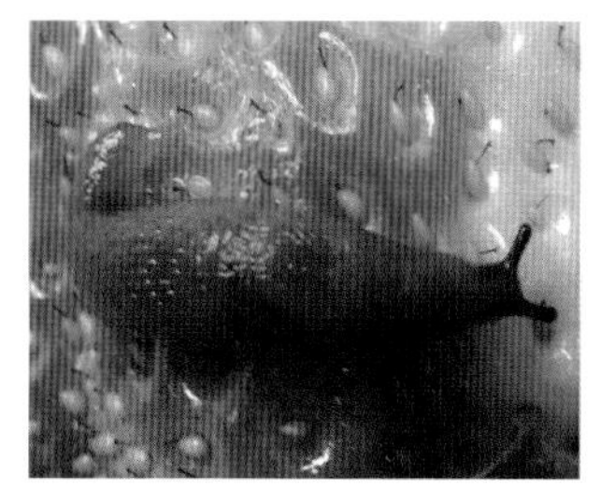

彩图 162　野蛞蝓危害果实

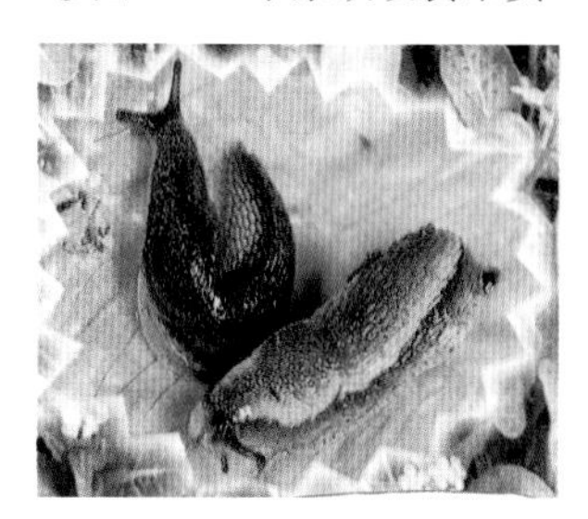

彩图 163　网纹蛞蝓

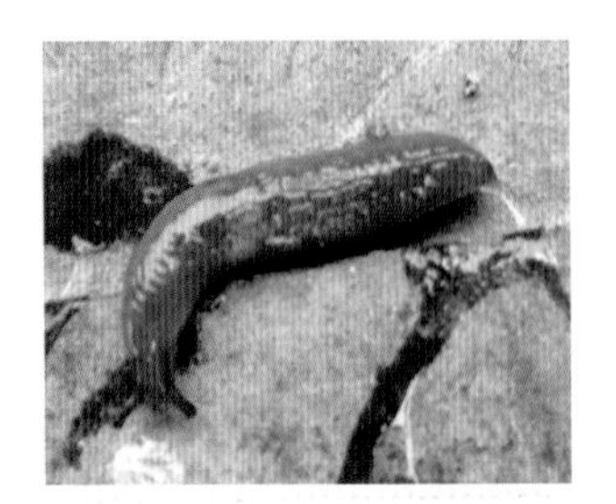

彩图 164　蛞蝓分泌黏液

彩图 165　蜗牛危害叶片

彩图 166　蜗牛危害果实

彩图 167　草莓镰翅小卷蛾成虫

彩图 168　草莓镰翅小卷蛾虫

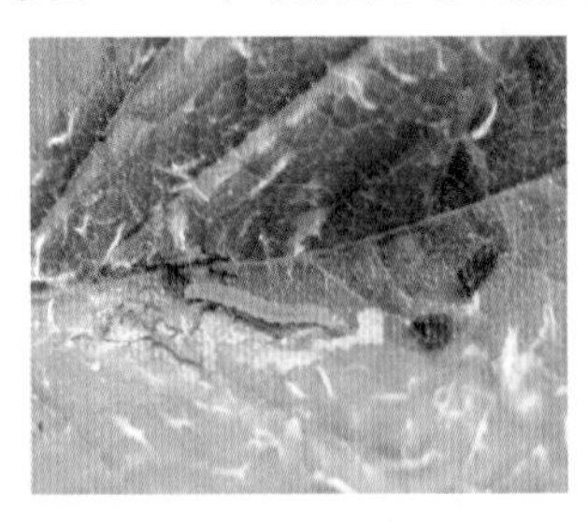

彩图 169　镰翅小卷蛾幼虫啃食叶片

彩图 170　棉双斜卷蛾成虫

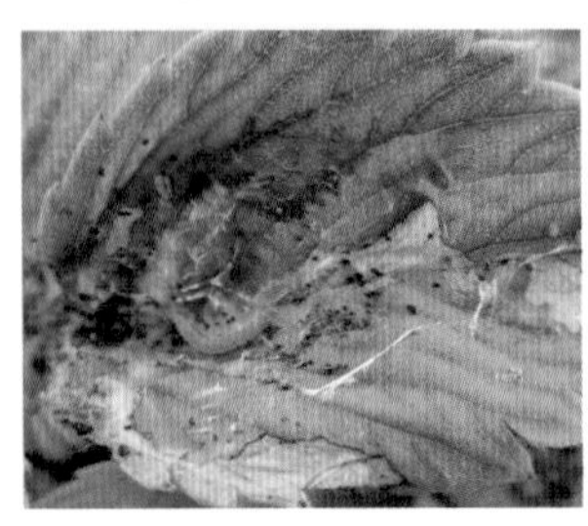

彩图 171　棉双斜卷蛾幼虫危害叶片症状

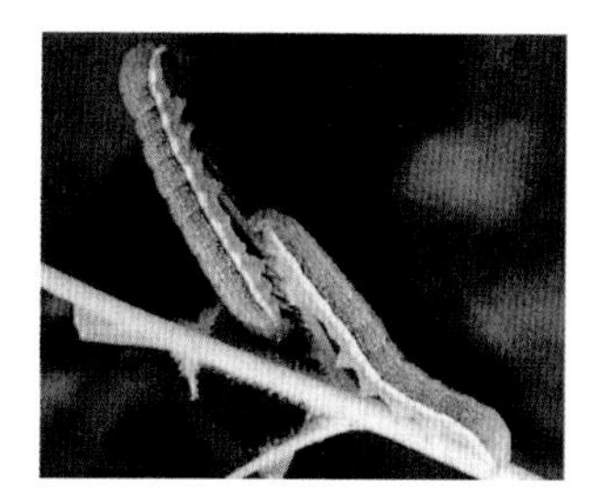

彩图 172　红棕灰夜蛾幼虫

彩图 173　红棕灰夜蛾成虫

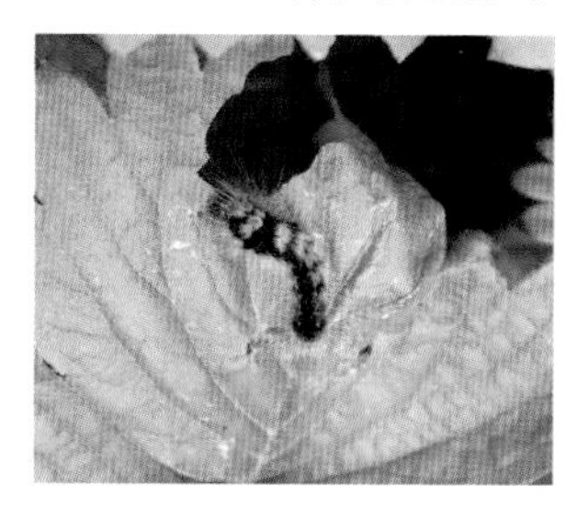

彩图 174　古毒蛾幼虫危害叶片症状

彩图 175　露地草莓受鸟害症状

彩图 176　鸟危害果实症状

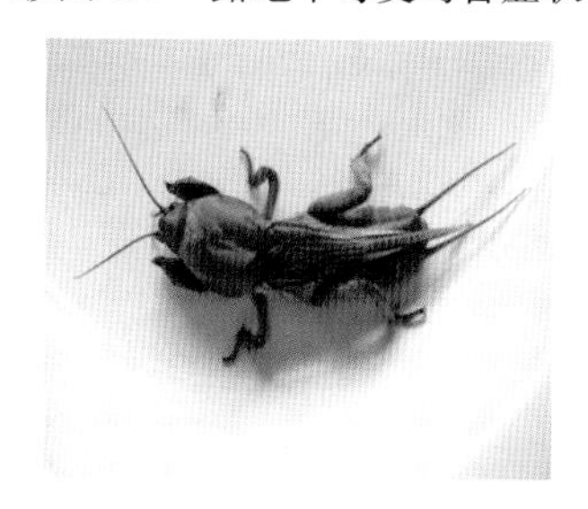

彩图 177　蝼蛄成虫

彩图 178　蝼蛄若虫

彩图 179　植株被蝼蛄危害症状

彩图 180　蛴螬

彩图 181　蛴螬在地下咬根

彩图 182　根颈被蛴螬危害症状

彩图 183　根颈被咬后植株萎蔫

彩图 184　地老虎危害叶片症状

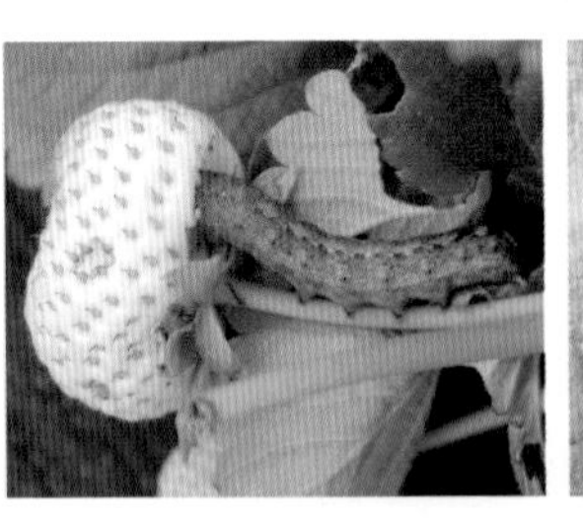

彩图 185　地老虎危害果实症状

彩图 186　金针虫幼虫

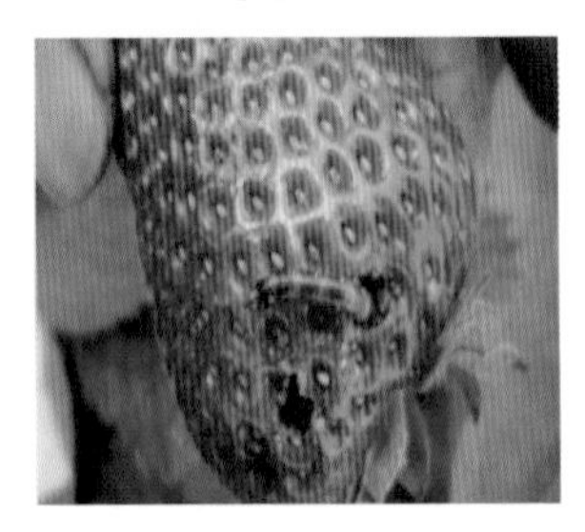

彩图 187　金针虫危害果实症状

专家帮你
提高效益

怎样提高
草莓种植效益

主　编　杨　雷　杨　莉　董　辉
副主编　李　莉　张建军　范婧芳
　　　　杜润生
参　编　马文会　季文章　冯　佳
　　　　李亚囡　杨秋叶

机 械 工 业 出 版 社

种植草莓是农民增收致富的重要途径，见效快、经济效益显著。近年来，草莓产业发展迅速，已成为许多地区的支柱产业，因此草莓优质高效生产是农户和市场迫切需要的。本书从草莓安全生产出发，以图文结合的形式，大量运用丰富多彩的图片，重点介绍了我国草莓栽培概况、生物学基础、土肥水管理技术、育苗关键技术、促成栽培关键技术、露地栽培关键技术、基质栽培技术及病虫害防治技术等内容，对解决草莓生产中存在的主要问题及提高草莓种植的经济效益有积极的指导作用。

本书适合广大种植户及相关技术人员使用，也可作为农林院校相关专业师生的参考用书。

图书在版编目（CIP）数据

怎样提高草莓种植效益/杨雷，杨莉，董辉主编. —北京：机械工业出版社，2021.6

（专家帮你提高效益）

ISBN 978-7-111-68041-3

Ⅰ.①怎… Ⅱ.①杨…②杨…③董… Ⅲ.①草莓－果树园艺 Ⅳ.①S668.4

中国版本图书馆 CIP 数据核字（2021）第 070340 号

机械工业出版社（北京市百万庄大街 22 号　邮政编码 100037）

策划编辑：高　伟　周晓伟　责任编辑：高　伟　周晓伟

责任校对：聂美琴　责任印制：孙　炜

中教科（保定）印刷股份有限公司印刷

2021 年 6 月第 1 版第 1 次印刷

145mm×210mm・6 印张・16 插页・160 千字

0001—1900 册

标准书号：ISBN 978-7-111-68041-3

定价：35.00 元

电话服务	网络服务
客服电话：010-88361066	机　工　官　网：www.cmpbook.com
010-88379833	机　工　官　博：weibo.com/cmp1952
010-68326294	金　书　网：www.golden-book.com
封底无防伪标均为盗版	机工教育服务网：www.cmpedu.com

前　言　PREFACE

目前我国草莓栽培总面积超过了187万亩，年产量超过了320万吨，已成为世界草莓第一生产大国。我国从南到北、从东到西，各省、市、自治区均有草莓栽培，栽培形式主要有日光温室及大拱棚促成栽培，日光温室及大、中、小拱棚半促成栽培，以及露地栽培等，通过不同形式的栽培，草莓鲜果基本上实现了周年供应。草莓促成栽培，上市早、产量高，果实供应双节及早春观光采摘，效益非常好，近年来发展十分迅速，已成为我国草莓栽培形式的主力军。

近年来，我国草莓在新品种选育及栽培技术方面取得了很大的进步，新品种、新技术的研究单位不断增多，研究范围不断扩大，科技创新能力成倍增强，科研成果不断涌现，对我国草莓产业的健康稳定发展起到了强有力的技术支撑作用。

但是，随着我国草莓栽培面积的逐渐扩大，草莓生产者面临的问题也日益增多，主要表现在：品种更新速度慢，特别是国产自育优良品种推广慢；生产中的种苗质量差；栽培技术不过关；土壤酸化及盐渍化加重；病虫害增多等。为了适应新的发展形势，加大草莓新品种、新技术的推广应用力度，提高农民种植草莓的技术水平，获得更大的经济和社会效益，促进我国草莓产业的进一步发展，针对目前我国草莓生产中存在的诸多问题，编者在多年进行草莓研究和总结的基础上，参考和查阅了大量的相关文献资料，编写了本书。本书采用了大量的实拍图及示意图，通俗易懂，使草莓生产者能更好地理解和应用草莓的优良新品种以及育苗、栽培管理、主要病虫害防治等关键技术，适宜广大果农和草莓科技工作者参考使用。

需要说明的是，本书所用药物及其使用剂量仅供读者参考，不能照搬。在实际生产中，所用药物学名、通用名与实际商品名称存在差异，药物浓度也有所不同，建议读者在使用每一种药物之前，参阅厂家提供的产品说明，以确认药物用量、用药方法、用药时间及禁忌等。

在本书编写过程中，参阅借鉴了许多专家及学者的著作、论文，在此一并致以最诚挚的感谢！由于编者水平有限，书中疏漏与不足之处在所难免，敬请广大读者批评指正。

编　者

目 录 CONTENTS

第一章
我国草莓栽培概况

第一节　目前我国草莓生产的基本情况

一、栽培面积大，栽培范围广

经过30多年的发展，我国的草莓栽培面积已从1985年的4.95万亩（1亩≈667米^2）增加至2019年的187.5万亩，总产量达327.6万吨（2020年中国农村统计年鉴），约占世界草莓栽培面积的30%，成为世界草莓第一大生产国。如今，南自海南省、北至黑龙江省、东自上海市、西至新疆维吾尔自治区的广阔领域内均有大面积的草莓栽培。国内草莓主产区分布在山东、辽宁、安徽、江苏、湖北、河北、河南、四川等地，这几个省的栽培面积均超过了10万亩，其中山东省面积最大，超过了48万亩；其次是辽宁省，面积超过了38万亩。

我国草莓的主要栽培品种仍为红颜、甜查理、丰香、章姬、幸香、达赛莱克特、全明星等国外引进品种，占总栽培面积的90%，其中红颜和甜查理的栽培面积均超过了50万亩。目前，国产自育品种在生产中的栽培面积正在逐步增大。

二、草莓新品种的选育及应用情况

近年来，我国各级政府开始重视草莓科研工作，一些省级及地方科研单位先后开始了草莓新品种的选育工作，育出了一些综合性状优良的草莓新品种。主要育种单位有北京市林业果树科学研究院（白

雪公主、书香、京藏香、京桃香等京香系列品种10余个）、江苏省农业科学院果树研究所（宁丰、宁玉等）、沈阳农业大学（艳丽、永丽等）、浙江省农业科学院园艺研究所（越心、越丽等）、杭州市农业科学研究院（红玉、粉玉等）、河北省农林科学院石家庄果树研究所（石莓1～10号等石莓系列品种10余个）、上海市农业科学院林木果树研究所（久香、申阳、申琪等）、中国农业科学院郑州果树研究所（华艳）、吉林省农业科学院果树研究所（三公主、四公主等）、贵州省农业科学院园艺所（黔莓1号、黔莓2号等）、保定市草莓研究所（保彤）等单位。这些品种的育出，对我国草莓产业的发展起到了积极的推动作用。

三、以设施栽培为主的多种栽培形式并存，鲜果可实现周年供应

20世纪80年代以前，我国草莓的基本栽培形式为露地栽培，但近年来，各种促成、半促成的设施栽培迅速兴起，从简单的地膜覆盖、小拱棚、中拱棚、大拱棚到金属材料组装的塑料大棚、竹木或钢筋骨架的日光温室迅速发展。南方地区以塑料大棚及小、中拱棚为主，北方地区以日光温室及中、大拱棚为主。通过日光温室和大拱棚促成及半促成栽培、露地栽培、冷凉地区夏秋栽培等形式，实现了草莓鲜果的周年供应。

四、草莓果品以鲜食为主，加工为辅

目前，我国草莓以鲜食为主，鲜食消费量占总消费量的90%左右。我国草莓需求主要以国内消费为主，出口规模较小。草莓生产中设施栽培的草莓绝大多数用于产地及其周边城市的鲜销鲜食，大部分露地草莓和少量保护地栽培的后期小果主要用于加工，加工品主要有单体速冻、草莓酱、草莓罐头、草莓酒、草莓干等，以速冻草莓为主。

五、对外贸易情况

在对外贸易上，我国的草莓贸易比重很低，根据中国海关数据显

示，近年来我国草莓进出口数量及金额呈波动趋势。2017 年我国草莓进口量1.24 万吨，同比增长7.46%；出口量9.76 万吨，同比增长6.53%。进出口均价也受其影响，2017 年进口均价为 1.79 美元/千克，出口均价为 1.21 美元/千克。出口主要集中在日本、荷兰、德国、俄罗斯、美国、韩国等国家，这与世界草莓第一生产大国的地位极不相称，也说明我国草莓产品的附加值低，整体竞争能力与先进国家的差距非常明显。随着我国草莓产业的不断发展，进出口数量与金额也随之增长。据推算，2024 年草莓出口金额将达到 12429 万美元，进口金额达到 2945 万美元，该产业未来发展极具空间。

第二节　我国草莓生产中存在的主要问题

近年来，我国在草莓技术研究与试验示范方面形成了一系列单项技术成果，在草莓种质资源收集及评价、新品种选育、栽培技术、病虫害防治、采后处理、贮藏加工等方面具有一定技术储备，但还是缺乏不同栽培类型的国外替代优良品种，以及高效利用的配套技术及模式。

目前我国草莓生产中存在的主要问题有以下 7 种。

一、品种问题

1. 自主知识产权品种在生产中所占比例低

近几年国内的育种单位先后育出了一些优良品种，如北京市林业果树科学研究院育出的白雪公主、京藏香、京桃香，沈阳农业大学育出的艳丽，河北省农林科学院石家庄果树研究所育出的石莓 7 号、红星，江苏省农业科学院果树研究所育出的紫金四季、宁玉，浙江省农业科学院园艺研究所育出的越心、越丽等，这些自主知识产权的品种虽然在生产中有一定栽培面积，但是所占比例还是远远低于国外引进的品种（红颜、章姬和甜查理）。

2. 缺乏加工专用品种

我国多年来缺乏专用加工品种，生产上应用较多的加工品种为全明星、达赛莱克特、哈尼，这些品种既用于速冻加工，又用于罐头加工、果酱加工及果酒加工等，缺乏单一用途的加工品种，同时缺乏单一用途加工品种的国家标准。河北省农林科学院石家庄果树研究所选育的石莓6号、石莓9号等加工品种曾在生产中一度应用，但仍存在一些问题，需要加快研究步伐，尽快培育出适应国内外市场需求的优良专用加工品种。

二、良种苗木繁育体系不健全，炭疽病等病害发生日趋严重

我国种苗产业化程度低、质量较差，尚未形成完善的三级育苗体系，脱毒苗的应用率很低，育苗工作比较粗放，许多农户利用生产苗进行育苗，造成品种的种性退化、秧苗质量差、病害严重、产量降低及品质下降，这必将会大大制约草莓产业的健康、稳定和持续发展。

三、连作障碍日益严重

日光温室、大棚等设施草莓栽培地块，经多年使用，连作障碍问题十分突出。由于常年栽培，没有进行土壤处理或处理不完全，造成草莓植株抗性下降、病害严重、产量降低、果实变小、品质变差等，这也是露地草莓主产区面积及产量萎缩的重要原因。

四、生产中质量安全问题

在草莓的生产过程中，个别农户由于缺乏草莓安全生产意识和技术，为追求产量，盲目施用化肥、滥用农药，进而导致草莓出现质量安全问题，不受消费者欢迎，甚至影响区域草莓品牌形象。

五、草莓果品深加工问题

近年来，露地草莓栽培面积迅速减少，主要原因是加工品单一、效益较低，大大阻碍了露地草莓产业的发展。如果没有深加工技术的支撑，加之缺乏适应国外市场需求的加工品种，单纯采用简单工艺生

产草莓果汁、果酒、果酱等低附加值的产品，难以从根本上满足产业发展的技术需求和提升产业国内外市场竞争力的要求。

六、资金投入不足，技术推广体系不健全

种植草莓虽是高效农业，但对整个农业来说，草莓是个小产业，是非必需的农产品。鉴于此，无论是国家，还是地方，对草莓的科研投入均不足，导致研究人员及推广人员较少，推广体系不健全、推广队伍不强，影响了国产品种的示范推广。

七、分散经营、产业化程度低、品牌意识差

我国各地的草莓栽培在很大程度上还是以家庭为单位，经营分散，规模较小，栽培技术落后，商品化程度低，生产效率、效益不高。同时各地虽然有一定数量的注册商标，但真正形成影响力的地方品牌较少，且即使有品牌，也不注重打造与维护。

第三节　提高草莓种植效益的主要途径

一、加快草莓新品种选育的步伐

优良的品种是草莓产业发展的基础，具有自主知识产权的优良品种是我国草莓产业健康、稳定发展的重中之重。因此应根据不同的需求，加大力度选育不同类型的优良草莓新品种，主要有以下两类。

1. 设施栽培品种的选育

通过杂交培育出优质、丰产、抗病、适合设施栽培的优良鲜食草莓新品种。

2. 加工专用型露地栽培品种的选育

针对市场的需求，培育高糖、高酸、味浓、高产、易除萼、适合加工（速冻、草莓罐头、草莓酒及天然色素）的专用型草莓露地栽培新品种。

二、采用良种良法

良种是在不同的自然和栽培条件下培育成的优良品种，有两层含义：一是优良品种；二是优良种苗。良种是基础，在种植草莓时必须保证所种植的品种是优良品种、所种植品种的种苗是无毒的优良健壮种苗。

要实现增产、增收、增效，仅靠优良的品种和种苗是不够的，还需要科学的种植技术，即良法相配套才行。良法是根据不同品种特性，结合当地气候条件、土壤条件、设施条件、水肥条件、病虫害发生情况等，集成良种高效栽培技术，充分发挥良种的提质、增产、增效潜力，达到种植效益最大化。

三、建立并完善草莓三级育苗体系，大力推广应用脱毒苗

美国、日本及欧洲国家基本都采用组织培养技术作为大规模繁育无毒原种苗的主要手段，并建有严格的秧苗繁育制度、健全的三级种苗繁殖体系。第一级是母本园，建立在国家试验研究机构；第二级是一级良种繁育苗圃，建立在国家试验研究机构下属的试验站；第三级是二级良种繁育苗圃，建立在指定的专业苗圃或果园。三级育苗体系的建立，不仅有利于草莓新品种的推广和更新，而且有利于防治病毒及其他病虫害的传播。随着草莓产业的发展，草莓秧苗的需求量不断增加，必须尽快建立三级优良草莓新品种无病毒苗繁育体系，开展无病毒苗生产，在草莓生产区大力推广应用脱毒苗势在必行。

四、加强并完善草莓产业技术推广体系建设，加大草莓新品种、新技术的示范推广力度

为促进我国草莓产业的稳定、健康发展，应完善各级草莓科技推广体系，保证草莓新品种、新技术、新模式等尽快得到落实示范，并及时推广到草莓种植企业、合作社和种植户中。加强各级技术员培训体系建设，保证基层草莓生产技术人员掌握草莓生产的新技术、新模

式，解决草莓生产中的问题。加强科研、推广、生产部门的合作，共同研究目前存在的关键问题，并将研究成果尽快应用于生产中，推动草莓产业的健康、稳定和持续发展。

五、发展草莓采后加工业

草莓果实柔软多汁、不耐贮运，积极开展草莓贮藏保鲜和深加工研究，实现冷链运输，采用速冻技术延长草莓贮藏期，并通过草莓酱、草莓汁、草莓酒、草莓果脯、草莓天然色素等加工提高草莓的附加值，实现草莓生产基地产、供、销、加工一条龙，以促进草莓产业的良性发展。

六、加强引导草莓专业合作社建设，全面推行标准化生产，实现果品安全生产

消费者越来越重视产品的外观品质、内在品质及安全品质，只有全面推行草莓标准化生产，草莓果品的质量才能得到保证。标准化管理技术有土壤分析、土壤熏蒸、水肥一体化、滴灌、病虫害提前预防等。目前，我国草莓生产仍然以一家一户分散、小规模经营为主，产品质量无法保证。因此，通过把分散经营的农民组织起来，建立风险共担、利益共享的合作社，统一质量标准和操作规范，生产安全果品，创建名牌产品，增强市场竞争力，从而实现共同发展、共同富裕。

第二章
草莓生物学基础

第一节　草莓的形态特征

草莓在植物学分类上属蔷薇科、草莓属、多年生常绿植物，园艺学分类上属于浆果类果树。草莓植株矮小，高度一般为 15～35 厘米，冠径一般为 20～45 厘米，呈半匍匐或直立丛状生长，主要通过匍匐茎进行繁殖再生。一个完整的草莓植株由根、茎、叶、花、果实等器官组成（图 2-1）。

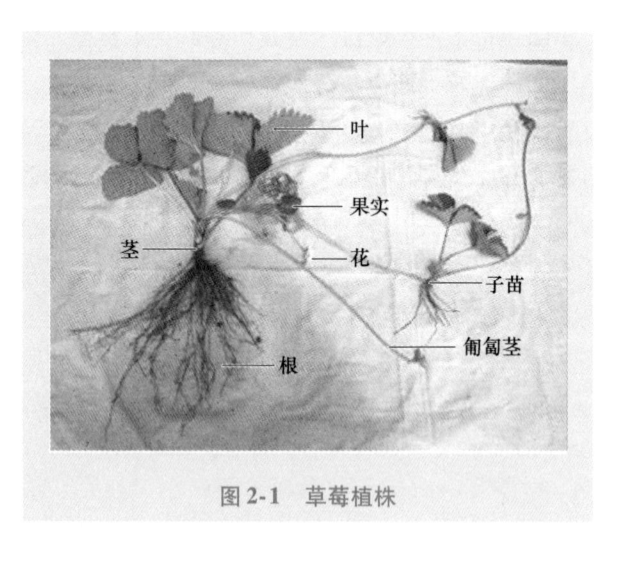

图 2-1　草莓植株

一、根

根是草莓的吸收、疏导和贮藏器官，对草莓优质、高产发挥着重要的作用。

1. 根的组成与分布

（1）根的组成 草莓根系（图2-2）是须根系，由初生根、侧生根和根毛组成。一个正常健壮的草莓植株能形成20～50条初生根，多时达100条以上，直径为1～1.5毫米；从初生根上分生出长满根毛的侧根。

图2-2 草莓根系

（2）根的分布 草莓是浅根系植物，大部分根集中分布于0～30厘米的土层内，而90%以上的根分布于0～20厘米的土层内。正常植株根系横向分布一般在距根颈中心25厘米左右，这个范围以外的根明显减少（图2-3）。耕地、施肥、浇水等作业深度应在根系分布区30厘米左右。根系分布深度及广度，与品种、土壤质地、耕作层深浅、栽植密度、坐果多少、温度和湿度等密切相关。在排水良好的砂壤土中根系分布较深，在黏土或较瘠薄的土壤中分布较浅；同样条件同一品种密植较稀植时根系分布相对较深；植株上坐果少的较坐果多的根系发育旺盛，分布广。

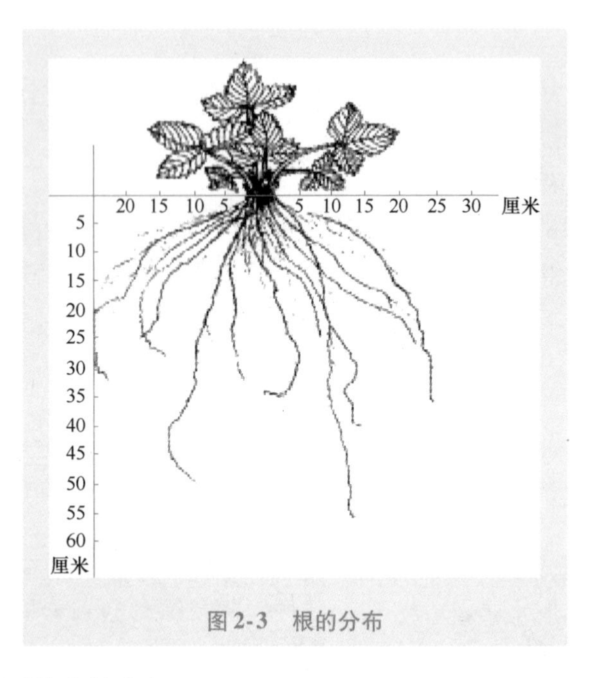

图 2-3 根的分布

2. 根系的生长动态

新发出的初生根呈乳白色至浅黄色，随着年龄的增长根逐渐老化，由浅黄色变为暗褐色，最后近黑色而衰老死亡。然后，上部新茎又产生新的初生根，代替死亡的根继续生长。多年生草莓植株，随着年龄增加，根状茎和新茎逐年加长，新根的发生部位逐渐上移，如果茎暴露于地面，则不利于新根的发生，若能及时培土保湿，则可促进新根萌发和生长。初生根变成褐色时还能发出白色的侧根，变成黑色时就不能发生侧根了。初生根的寿命一般为 1 年左右，其长短与品种、根际环境、地表环境、结果多少等有关系，一般根际环境差、结果过多时寿命缩短。

露地栽培草莓，植株根系在 1 年内有 3 次生长高峰。春季，当 10 厘米深的土壤温度稳定在 13 ~ 15℃时，根系生长达到第 1 次高峰。随着草莓植株开花坐果和幼果的膨大，根系生长减缓，有些新根从顶部开始枯萎，变成褐色或死亡。果实采收后进入夏季的高温和长日照环境（7 月上中旬），在腋芽处会萌发大量的匍匐茎，新茎及匍匐茎会发生大量的新根，根系进入第 2 次生长高峰。进入秋季以后（9 月中下旬到越冬前），温度逐渐下降，地上部生长缓慢，叶片养分回流，大量养分积累贮藏于根状茎内，根系生长出现第 3 次高峰。有的地区或品种，由于 7 ~8 月地温太高，根系生长处于低潮，只有在4 ~6 月和 9 ~10 月出现 2 次生长高峰。

3. 根系与土壤温度、水分、通气、酸碱度的关系

草莓根系生长的最低温度为 2℃左右，最适温度为 20℃左右，最高温度为 36℃，在 10℃以下时，根系生长缓慢，养分吸收受限，在 –8℃时根系会受冻害。

草莓根系分布浅，根系生长对土壤浅层的水分要求较高。草莓既不抗旱也不耐涝，因此土壤应保持良好的保水性和排水性。当土壤干旱缺水时，根系生长受阻，老化加快，严重时干枯死亡。此外，当土壤干旱时，土壤中的盐类浓度上升，根系易出现盐中毒。当土壤严重过湿时，通气不良，根系呼吸作用和其他生理活动受到抑制，初生根木质化加快，根系功能衰退。如在盛夏大雨后，土壤高温高湿，极易发生根系腐烂。

适宜草莓根系生长的土壤 pH 为 5.6 ~6.5，pH 低于 4.0 或高于 8.0 均会引起草莓生长发育不良；草莓根系对土壤盐分较敏感，容易受高盐分的影响。

二、茎

草莓的茎根据形态和功能不同，可分为新茎、根状茎和匍匐茎 3 种。

1. 新茎

新茎（图 2-4）是当年萌发或 1 年生的短缩茎，呈弓背形，着生于根状茎上。新茎加长生长速度非常缓慢，年生长量仅 0.5 ~2.0 厘米，加粗生长较旺盛，是初生根、叶片、顶芽及侧芽着生的地方。

2. 根状茎

草莓多年生的短缩茎称为根状茎（图 2-4），由新茎转变而来。第 2 年叶片全部枯死脱落后，新茎就变为外形似根的根状茎。新茎与根状茎结构不同，新茎内层中维管束状结构发达，生活力强，而根状茎木质化程度高，有节和年轮，是贮藏营养的主要器官，2 年生的根状茎常在新茎基部产生大量不定根。但随着年龄的增长，根状茎一般从第 3 年开始不再发生不定根，并从下部老的部位开始逐渐向上老化、变黑死亡。因此，根状茎越老，运输、贮藏和吸收营养的功能越差，地上部的生长就越衰退，最终果实变小、产量降低。

图 2-4　草莓的新茎及根状茎

3. 匍匐茎

匍匐茎（图 2-5）是草莓营养繁殖的主要器官。匍匐茎的节间很长，奇数节上的腋芽一般不萌发，呈休眠状态；偶数节上的腋芽可以萌发并正常生长，长成 1 株匍匐茎子苗（图 2-6）。正常情况下，2 ~ 3 周匍匐茎子苗就能独立成活。随着匍匐茎子苗的生长，一次匍匐茎子苗又可分化腋芽，腋芽萌发后继续抽生匍匐茎，这些匍匐茎仍然是偶数节腋芽萌发形成二次匍匐茎子苗，二次匍匐茎子苗还可抽生三次匍匐茎子苗，依此类推，可形成多代匍匐茎和多代匍匐茎子苗。每个植株 1 年中发生匍匐茎的多少与品种、株龄、母株健壮程度、外界环境条件等密切相关，少则十几根，多则几十根。

图 2-5　草莓匍匐茎

长日照和较高温度有利于匍匐茎的发生和生长，短日照、低温条件下不发生匍匐茎。匍匐茎的发生始期，一般在果实膨大期，大量发生期在果实采收之后。匍匐茎发生的早晚与日照条件、母株经过低温时间的长短及栽培形式有关。匍匐茎子苗生长初期大量消耗母株营养，与花果竞争养分，因此，生产上以结果为目的的草莓园，应及时摘除匍匐茎及子苗，节约养分，以利于母株的开花结果，保证优质、丰产。以育苗为目的的草莓园，应及时摘除花蕾，以促使匍匐茎大量发生，培育壮苗，提高繁殖系数。

图 2-6　匍匐茎子苗形成部位

三、叶

草莓的叶一般为基生三出复叶，也有的品种着生 4 片或 5 片（图 2-7），叶柄长 5～25 厘米、粗 0.2～0.6 厘米，叶柄长短、粗细、颜色、着生茸毛多少等也因品种而异。叶柄的基部左右各有 1 片托叶（图 2-8）。不同品种的托叶大小和颜色不同，托叶有绿色、浅红色、红色、深红色、紫色等。有些品种的叶柄中部着生对生耳叶，有些为1片或无（图2-9），多为绿色；耳叶为圆形、椭圆形、倒卵圆形等平展（图2-10）或钟形（图2-11）。叶片大小（图2-12）与形状因品种而异，中间小叶一般呈圆形、近圆形、卵圆形、倒卵圆形、椭圆形等（图2-13）。叶片的颜色一般为黄绿色、绿色、深绿色、蓝绿色等。

图2-7 草莓叶

图2-8 叶柄基部着生2片托叶

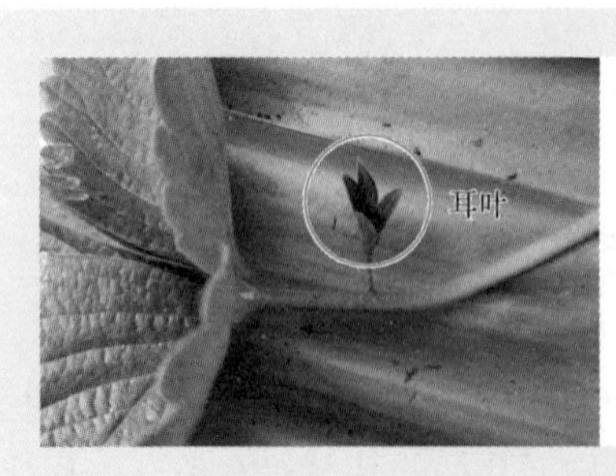

图2-9 叶柄中部着生1片耳叶或无耳叶

图 2-10 平展耳叶

图 2-11 钟形耳叶

图 2-12 不同品种（种质）的叶片大小比较

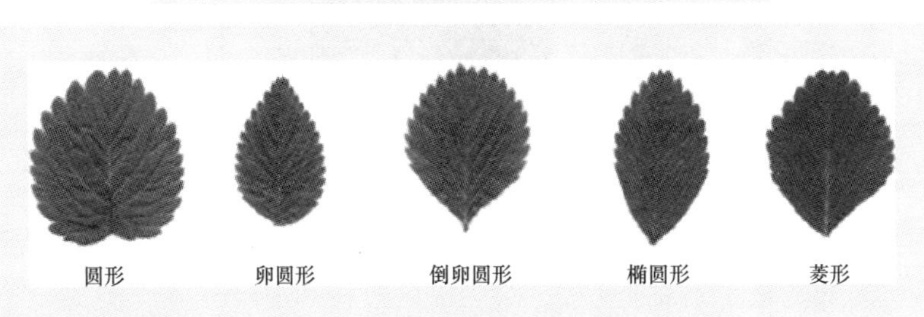

图 2-13 叶片形状

叶片是草莓进行光合作用的重要器官，进行光合作用的适宜温度是20～25℃，在栽培时要注意光照和温度对光合作用的影响。温度在20℃条件下，7～8天抽生1片新叶，40日龄左右的草莓光合效率最高，对产量贡献最大，随着叶龄的增大，光合效率不断下降，老龄叶片虽然也能进行光合作用，但只能维持自身呼吸消耗，对产量增加没有意义，并且抑制花芽分化，容易滋生病菌。

四、花

1. 花的特征特性

绝大多数品种的草莓花为两性完全花，可以自花结实。

草莓的花由花梗、花托、萼片、花瓣、雄蕊群和雌蕊群组成（图2-14）。绝大多数品种的花瓣为白色，少部分品种花瓣为粉色（彩图1），一般5～10瓣（图2-15）。花瓣相互之间的着生状态一般有相离、相接和重叠（图2-16）。雄蕊20～40枚，雌蕊200～450枚，雌蕊由柱头、花柱和子房组成。

图2-14 草莓的花

草莓的花序为聚伞花序，多为二歧分枝和多歧分枝（图2-17）。花序有顶花序和腋花序，从新茎的顶端长出的花序称为顶花序，而从下面叶片的叶腋长出的花序称为腋花序。草莓抽生花序的数量，主要因品种、环境条件及栽培方式而异。暖地花芽分化时期长，腋花序多；寒地花芽分化时期短，腋花序少。单株花序为 2 ~ 8 个，每个花序可着生 3 ~ 30 朵花，一般 7 ~ 15 朵。

图 2-15 不同瓣数的花

图 2-16 花瓣相对位置

当平均温度达 10℃ 以上时，开始开花。1 朵花可开放 3 ~ 4 天。草莓的花期很长，整个花序的花期为 20 ~ 30 天。草莓常常出现同一植株上低级序（第一、第二级序）果实已成熟，而高级序（第四、第五级序）花或腋花芽正在开花或尚未开放的现象。花序上花的级次不同，开花的顺序不同，因而果实的大小和成熟期也不同。首先是 1 朵一级序花开放，其次是 2 朵二级序花开放，然后是 4 朵三级序花开放，依此类推，级次越高，开花越晚。

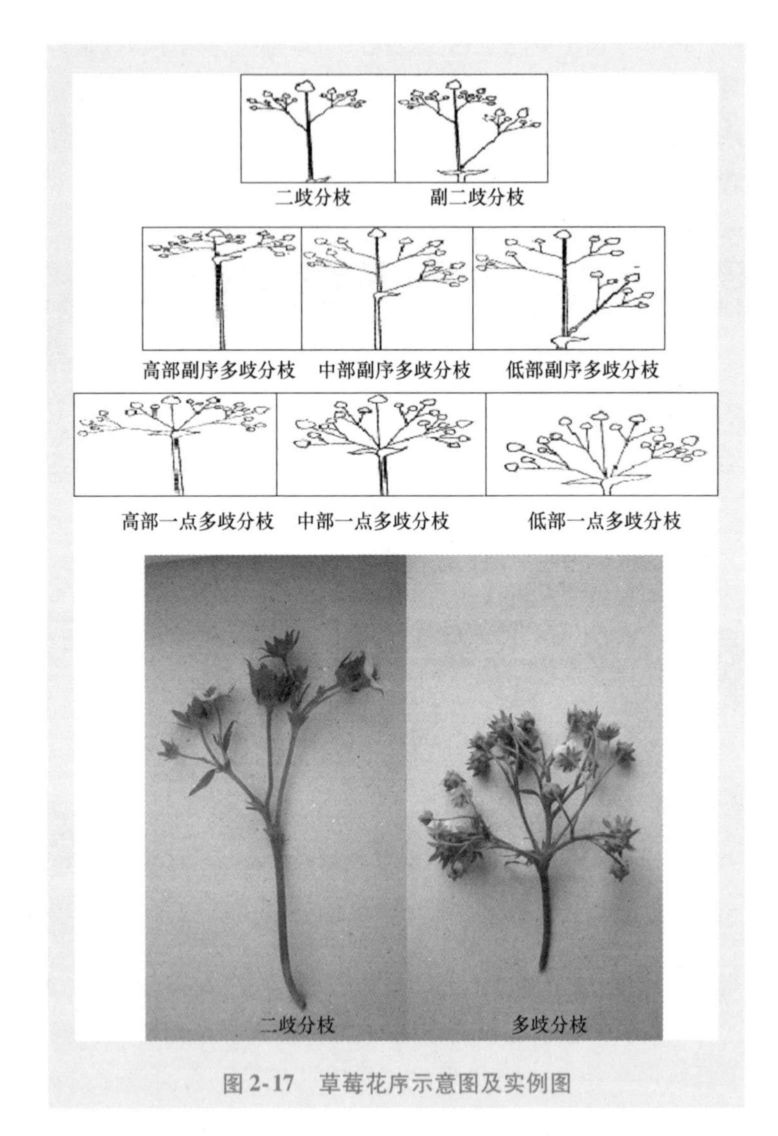

图 2-17　草莓花序示意图及实例图

草莓的花是虫媒花，既可自花授粉，又能进行异花授粉。开花期温度低于0℃或高于40℃时，会严重阻碍授粉受精过程，致使草莓产生畸形果。花期遇雨，风沙大，遭虫害、药害等情况下，都会引起畸形果产生。花期遇0℃以下低温或霜害时，柱头变黑，丧失受精能力。开花期和结果期最低忍耐温度为5℃。草莓的雌蕊在开花后7～8天内，均有受精能力。但实际上，开花4天后，花药中已无花粉，花瓣脱落，昆虫不再访花。

花药中的花粉粒，一般在开花前成熟，具有发芽能力。在开花前，花药不开裂，开花1～2天后，便可见到白色花瓣上所散落的黄色花粉粒（彩图2）。花粉粒发芽最适温度为25℃左右，花粉的发芽能力可持续3～4天，以开花当天和第2天发芽能力最强，草莓雌蕊的受精能力为1周。

2. 花芽分化

草莓的花芽分化需要低温、短日照条件。草莓经过旺盛生长后，在秋季开始花芽分化，一般品种在平均温度18℃以下、日照时间低于12小时的条件下经过10～15天即开始花芽分化。低温对形成花芽的影响较短日照更为重要，温度低于5℃时，花芽分化停止；而在5～12℃时，花芽分化与日照长短无关；当温度高于25℃时，短日照也不能形成花芽；温度在18～24℃时，8小时的短日照可以形成花芽，而16小时的长日照则不能形成花芽。花芽的分化顺序是先顶花序，然后是腋花序。

影响草莓花芽分化的因素除了温度和光照时间外，还有植株的营养状况、品种间差异等。植株体内氮素水平显著影响花芽分化时期。一般而言，生长势旺盛、氮素含量较多的植株花芽分化期相对较晚；而生长势中庸、氮素含量较低的植株花芽分化期相对较早。花芽分化早晚是决定促成栽培成败的关键，如果想使草莓的开花期提早，应适当抑制花芽分化前的氮素吸收，生产上一般在8月中旬以后应停止追施氮肥。目前，假植、断根、营养钵育苗的主要目的就是控制幼苗后期的氮素吸收，以便提早进行花芽分化。尤其是在促成栽培中，提早进行花芽分化，对草莓早上市有着十分重要的意义。

草莓植株叶片数量的多少，对花芽分化时期和花芽质量有重要影响。5~6片叶的植株，花芽分化时期大致相同；4片叶的植株，花芽分化时期推迟约7天，后期分化速度慢，第二花序分化时间短；3片叶较5~6片叶的植株分化期推迟约20天。草莓植株叶片数增加时，花芽分化的小花成花数均明显增加。3片叶的植株，花芽分化晚且速度慢；4片叶以上的植株，花芽分化速度快，花数明显增多。从植株形态的营养状况来看，花芽分化的特征是：具有4~6片展开叶，根颈粗0.60厘米以上，苗重10~20克。

五、果实及种子

1. 果实

草莓果实是由花托膨大发育而成的，在栽培学上称为浆果。果实形状大致有扁圆形、圆球形、短圆锥形、圆锥形、长圆锥形、颈锥形、长楔形、短楔形、宽楔形及扇形等（图2-18）。果实颜色大致有白色、粉红色、橙红色、橘红色、红色、深红色、紫红色等（彩图3）。果肉颜色一般较果面的颜色稍浅，因品种和成熟度不同为白色、橙黄色、橙红色、红色、深红色等（彩图4），果肉髓心空洞因品种不同，有实心和空心2种（图2-19）。果实风味有酸、甜酸、酸甜、甜、苦等。香气有标准的草莓芳香、玫瑰香、茉莉香、槐花香、桑葚香、杏香、桃香等。

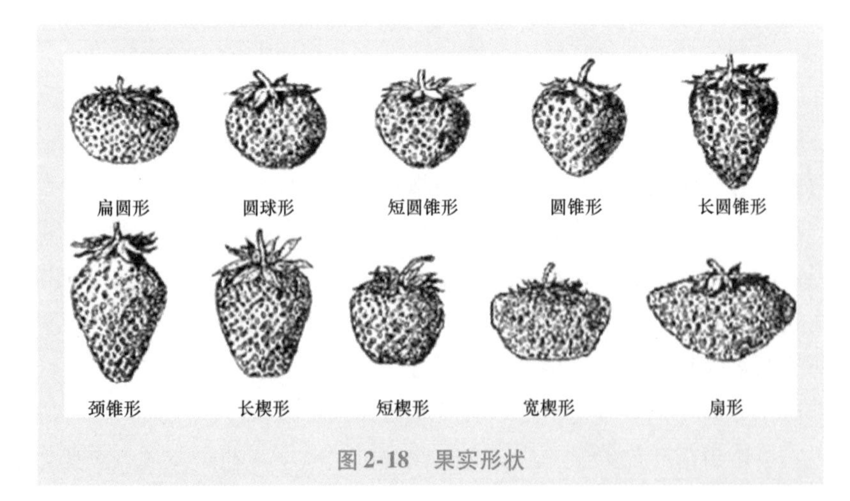

图2-18　果实形状

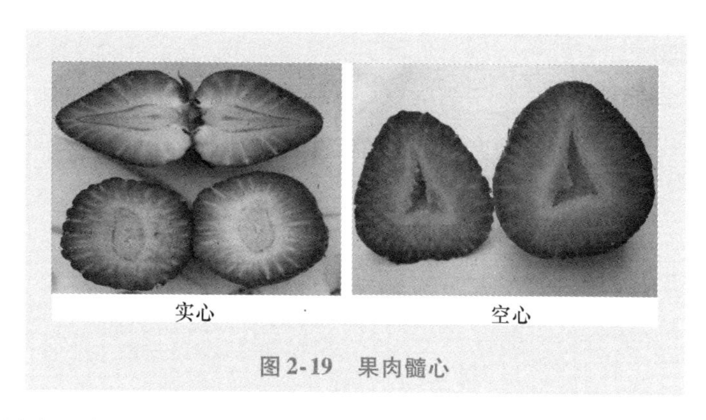

图 2-19 果肉髓心

果实的大小与品种、栽培条件、果实着生的位置等有关。同一品种果实大小因级序而变化，一级序果最大，一般为 15～50 克，最大的可达 100 克以上，花序上级次越高的花结的果越小。

果实的膨大及成熟天数与温度有关，温度高，果实成熟天数缩短；温度较低，有利于果实膨大；温度过高，则果实小、成熟早。平均温度为15℃，40 天左右果实成熟；平均温度为20℃，则30 天左右果实成熟。日照长度和强度对果实成熟与品质有较大影响，长日照、强光照，可促进果实成熟；低温配合强光照，可提高果实品质。对草莓适时适量灌水，可促进果实膨大，特别是在果实迅速膨大期，水分不足对果实膨大影响很大。伴随着果实的膨大，果实逐渐成熟。成熟过程中，果实初为绿色，之后变为白色，接着渐渐变为红色，并具有光泽。果肉随着成熟变软，释放出特有的芳香，果实变得酸甜味美。

2. 种子

草莓种子实际上是受精后子房膨大形成的瘦果，俗称“种子”（图 2-20），附着在果实表面。成熟种子呈红色、黄绿色或黄色。种子大小、嵌入果面的深浅，因品种不同而不同，有平于果面、凸出果面和凹入果面 3 种嵌入方式（图 2-21）。不同品种或同一品种不同果实上着生种子的数量不同。一般果实体积越大，种子数量越多。种子数量的多少还与授粉受精的好坏，尤其是花前雌蕊分化的数量有关，雌蕊越多种子越多。种子是草莓有性繁殖器官，在生产上基本不用于繁育秧苗，而是用于杂交育种培育实生苗。

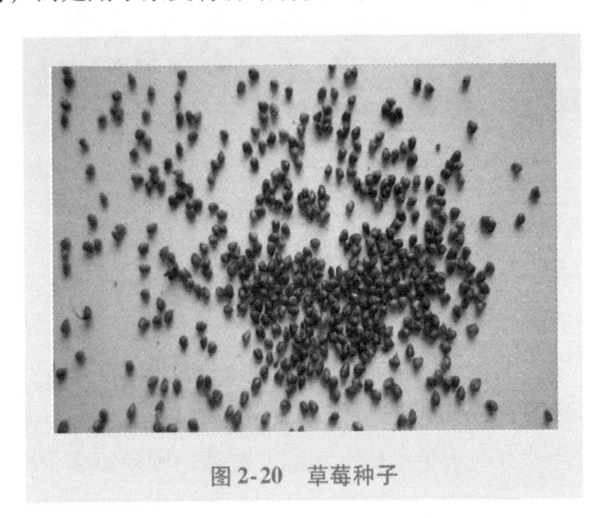
图 2-20　草莓种子

图 2-21　种子嵌入果面的形式

第二节　草莓的物候期

草莓在一整年的生长发育过程中，随着季节的变化，其外部形态和内部生理生化特性也随之发生显著的变化，这种与季节性变化相吻合的时期，称为物候期。草莓的物候期可分为生长期和休眠期。生长期是指从春季开始生长到秋季休眠时结束；休眠期是指从秋季休眠开始到第2年萌芽生长为止。草莓的物候期主要包括以下几个时期。

一、开始生长期

此期是指早春草莓植株地下部根系首先活动，地上部萌芽至花蕾出现。在2月下旬根系开始活动，此时地温稳定在2～5℃，随着地温升高，逐渐发出新根。当温度升至5℃以上时，根系生长7天后，地上部才开始萌芽，并逐渐发出新叶。采用地膜覆盖的草莓，一部分叶片越冬后仍保持绿色，这些绿叶可进行光合作用，为早期的生长发育提供养分；随着新叶陆续长出，老叶逐渐枯死。草莓早春的生长发育主要依靠根状茎和根中贮藏的养分。

【提示】

加强上一年秋季的管理，促进养分的贮存，对早春草莓的生命活动具有重要作用。同时，也要注意早春的田间管理，及时清除防寒物，早浇返青水和追肥。开始生长期在江南地区为2月下旬，华北地区为3月上旬，东北地区为3月下旬至4月下旬。

二、开花结果期

草莓植株地上部生长1个月后，出现花茎，随着花茎的发育，花序梗伸长，露出整个花序。从花蕾显现到第一朵花开放需半个月时间，由开花到果实成熟需1个月时间，同一花序果实成熟的顺序和开花是一致的，由于同一株草莓上花开得不一致，因此在同一时期内，草莓的开花期和结果期常出现重叠现象。开花期根系停止生长，地上部叶片数和叶面积迅速增加，光合能力增强，叶片制造的养分几乎全部供给开花结果用。果实发育是此期养分的分配中心。此期可通过叶面喷肥、疏除无效花蕾来促进果实发育。

三、营养生长期

果实采收后，植株进入旺盛营养生长期，侧芽大量发生匍匐茎，新茎分枝加速生长，新茎基部发生不定根，产生新的根系。匍匐茎的抽生，按一定顺序向上长叶、向下扎根，长出新的幼苗。在酷热高温季节，草莓苗生长缓慢，要通过喷水和遮阴等手段，帮助幼苗越夏。进入秋季后，叶片和根系的生长进入高峰期，此期一般从6月开始，持续到9月。

四、花芽分化期

秋末随着温度降低，草莓苗生长减缓，养分开始积累于根茎，进入花芽分化期。一般品种的花芽分化期在9月中旬至10月下旬，平均温度在17℃左右、日照在12小时以下的短日照条件下，草莓才开始花芽分化，其中低温是草莓花芽分化的主要因素，低温比短日照更重要；当温度降至5℃以下时，花芽分化终止，草莓植株进入休眠状态。

五、休眠期

进入初冬以后，日照变短，温度下降，当温度降到10℃以下时，植株生长逐渐减弱；当温度降到5℃以下时，植株地上部的生长发育相对停止，开始进入休眠期。休眠期的草莓植株变得矮小，叶片变小、叶柄变短、与地面夹角变小（彩图5）。

草莓植株在休眠期间，其体内仍然进行着微弱的生理活动，如果把进入休眠期的草莓植株移到温室保温，则新叶会慢慢展开，且因花芽已经分化，也能开花结果。但新叶的叶柄、叶身均短，叶面积小，受光面积小，花梗短，果实小，产量很低。

草莓的休眠，根据其生态表现和生理活动特性可分为两个阶段，即自然休眠和被迫休眠。自然休眠是由草莓本身的生理特性决定的，需要一定的低温条件才能顺利通过，即使给予适于植株生长的环境条件，它仍将继续处于生长不正常的休眠状态。被迫休眠是草莓在通过自然休眠之后，由于环境条件不适而引起的休眠，只要给予适当条件，草莓即可正常生长发育。

草莓休眠的开始期，并非是植株休眠状态出现期，而是比这更早。在花芽分化后不久，草莓植株即开始进入休眠状态，之后渐渐加深。一般在 11 月中下旬，休眠处于最深状态。品种和气候条件不同，休眠开始期也不同。草莓自然休眠期长短，因品种对低温需求量的不同而异。打破休眠需 5℃ 以下低温的时间，如春香 20～40 小时、丰香 50～100 小时、石莓 7 号 300～400 小时、宝交早生 400～500 小时、达娜 500～700 小时等。

以提早上市为目的的栽培中，可人为打破草莓休眠，促使其提早生长发育。这一措施主要应用于半促成栽培。对促成栽培而言，因所选用的品种休眠浅或无明显休眠期，人为地阻止其进入休眠，所以无须再打破休眠。打破草莓休眠的条件是低温和长日照，只要经历充足的低温时间，休眠就可打破；如果再加上长日照，就更有助于打破休眠。草莓休眠所需低温量不足，休眠打破不完全，则植株生长矮小，匍匐茎发生少或不发生，影响开花结实，甚至会改变开花的状况，使普通草莓具有四季结果的特性，夏季也能开花结果。反之，若草莓植株休眠期经历的低温期过长，又会引起徒长。因此在半促成栽培中，应注意品种选择和适时保温。

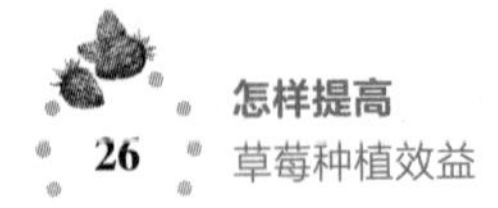

【提示】

在北方自然条件下，冬季低温有利于草莓顺利通过自然休眠。打破草莓休眠可采用植株冷藏、电照、喷布赤霉素等多种措施。

第三节　草莓对环境条件的要求

草莓是一种适应性较强的多年生草本植物，生态类型较多，目前世界上大多数国家都有草莓栽培。草莓是喜光植物，适宜凉爽气候，对环境条件有一定的要求，影响最大的因子是温度和日照长度，同时水分、土壤等条件也是草莓生长发育的必要因子。

一、土壤

草莓适应性较强，在多种土壤中均能生长，但要获得优质高产，就必须有良好的土壤条件。草莓是浅根性植物，根系主要分布在20厘米以内的表层土壤中，极少数根系可深达40厘米以下土层。因此，表层土壤的结构、质地及理化特性对草莓的生长发育影响很大。草莓最适宜栽种在疏松，肥沃，透水、通气良好，地下水位不高于80厘米的土壤中。砂质土壤保水保肥能力差，易流失，如果能改良土壤、多施有机肥、勤灌水，也可以栽种草莓。黏壤土虽具有良好的保水性，较肥沃，但是排水性能较差，土壤通气不良，根系呼吸作用及其他生理活动受抑制，易发生根腐烂现象，同时果实品质较差，果实含水量高、味淡、易感病、不耐贮运等。一般沼泽地、盐碱地、石灰土、黏重土均不适宜栽种草莓。

草莓适宜在酸碱度为中性或微酸性的土壤中生长，其要求pH为5.8~7，pH在4以下或8以上时，就会出现生长发育障碍。

草莓要求有机质含量较丰富的土壤，表层土壤有机质的含量要达到1.5%~2.0%，植株才能生长良好。若有机质含量低于1.0%，植株生长势弱，产量低，果实品质差。所以，栽种草莓之前应翻耕土地，施足基肥，这些是获得优质高产的基础。

草莓对土壤中氮、磷、钾含量有一定的要求。据日本宫本重信试验，每公顷产草莓45000千克，需要氮195千克、磷75千克、钾225千克。草莓不同的发育期对氮、磷、钾的需求量不一样。氮是植物的主要营养元素，它对植物的生长、发育、产量、品质都有重要的影响，可促进新茎的生长及叶柄加粗，加大叶面积，使叶色浓绿、叶绿素含量高，提高光合效率；增加花芽量，提高坐果率，对草莓产量影响较大。但过量的氮肥不仅会引起植株徒长，萼片和新叶尖端及叶边缘焦枯，还会引起氨气中毒或亚硝酸气体中毒。在花芽分化期、开花坐果期增施磷、钾肥，能有效地促进花芽分化，增加产量，提高果实品质。特别是春季增施磷、钾肥，对果实膨大、增加果实的香气和风味有明显效果。同时，草莓不耐盐、碱。因此，要全面合理施肥，并保持土壤一定含水量，才能达到草莓优质、高产的目的。

二、水分

草莓根系浅、植株小、叶片大而多、蒸腾量大，而且植株整个生长期不断进行新老叶片的更替，抽生大量的匍匐茎、新茎，果实发育，这就决定了草莓对水分要求较高。

在草莓的整个生长期内，土壤持水量在60%左右，便可满足其生长发育的要求。但草莓在其不同的生长发育期对水分的敏感程度不一样。一般来说，秋季定植后，外界温度尚高，植株蒸腾量大而又没发生多少新根，为保证幼苗顺利成活，应保证水分供应，避免因缺水而造成死苗。此期草莓进入第3个生长期，在茎叶生长的同时，植株要积累养分，并进行花芽分化，此时应保证适当的水分供应，要求土壤持水量在60%左右。入冬前茎叶停止生长，花芽已基本形成，这时要适当控水，使植株生长充实，以利于越冬。冬季为使草莓安全越冬、不使土壤干裂，越冬前应灌足封冻水，否则会因土壤干裂而造成断根、死根。越冬后草莓开始发出新根、萌芽生长，应视土壤墒情适当灌水。现蕾到开花期，要保证充足的水分供应，此期土壤持水量应不低于最大田间持水量的 70%，否则花期缩短、花瓣卷于花萼内不展开而呈现枯萎。从果实膨大到成熟，需水量较大，土壤持水量不应低于 80%，否则坐果率低、果个小、品质差、产量低，但是该期灌水应处理好果实膨大与烂果的关系。果实成熟期，应适当控水，以利于果实成熟和顺利采收，防止果实脱落和腐烂，提高质量，特别是保证果实的甜度和风味。果实采收后，进入茎叶生长期，为了多繁殖秧苗，应注意灌水，以促进匍匐茎生长及扎根成苗，一般要求土壤持水量在 70% 左右。

草莓虽然对水分要求较高，但也不耐涝。土壤水分过多或积水，根系呼吸受阻，影响根系和植株的生长，严重时，叶片失绿变黄、萎蔫、脱落，甚至整个植株死亡。土壤水分过多，草莓抗病性降低，病害严重，果实品质变劣，烂果增多。因此，雨季或暴雨后，要注意草莓园排水，并适时中耕。

三、温度

草莓对温度的适应性较强，其生长发育期要求较凉爽的气候。但不同的品种、植株的不同部位及不同的生长发育期对温度的要求不同。

1. 根系对温度的要求

根系在 2℃时便开始活动，10℃时开始形成新根，根系最适生长温度为 15 ~ 20℃。当温度达到 30 ~ 35℃时，根系生长就会受到抑制。秋季温度降低到 7 ~ 8℃时，生长减弱。冬季当土壤温度降至 −8℃时，草莓根系便受到伤害，−12℃时会被冻死。

2. 地上部营养生长对温度的要求

草莓生长发育及光合作用的最适温度为 20 ~ 25℃。25℃以上时，生长缓慢；30℃以上，生长和光合作用受到抑制；低于 5℃

时，地上部分便停止生长；低于3℃时，老叶变红；低于0℃，老叶干缩，经－5℃左右的重霜，叶片受冻干枯。生产中常用地膜或其他覆盖物覆盖等措施，保持叶片为绿色并安全越冬。匍匐茎在10℃以上的温度和12小时以上的长日照条件下开始发生，长日照时间越长，发生的匍匐茎就越多，如果接受低温时间不够，则不发生匍匐茎。

3. 花芽分化与温度的关系

一季型草莓花芽分化需要在低温、短日照条件下进行。花芽分化要求温度一般为9～17℃，此时与昼长无关；温度为17～25℃，只有在8～12小时的短日照条件下，才能形成花芽，30℃以上高温不能形成花芽。生产上为了促进花芽提早分化，常采用寒地假植、低温冷藏、遮光处理等措施。

4. 开花坐果与温度的关系

一般在平均温度达到10℃以上时开始开花，开花期适宜温度为25～28℃。花药开裂的临界温度为11.7℃，适宜温度为13.8～20.6℃。若花蕾抽生后遇30℃以上高温，则花粉发育不良，花粉发芽的最适温度为25～27℃。如果花期遇到0℃以下低温或霜害时，可使柱头变黑，丧失受精能力。如果花期温度高于40℃，也会阻碍授粉受精，影响种子发育，导致畸形果出现。

5. 果实生长与温度的关系

一般情况下，温度低，果实生长缓慢、成熟慢，但利于果个增大。温度高，成熟快，但果个较小，品质差。果实膨大期及成熟期，白天适宜温度为20～25℃，夜间适宜温度为6～8℃。一般平均温度为20℃时，果实需30天成熟，30℃时需20天就可以成熟。

6. 休眠与温度的关系

当温度降到5℃以下时，草莓便进入休眠。不同的品种所需低温量有一定差异，打破休眠的最适温度为0～5℃。当满足了植株一定的低温需求后，在适宜条件下解除休眠，便开始正常生长。休眠浅的品种如丰香，5℃以下经过 50～70 小时即可打破休眠；休眠中等的品种如达赛莱克特，需要 5℃以下低温 400 小时可打破休眠。休眠深的品种如盛岗 16，需 5℃以下低温 1300～1400 小时才能打破休眠。一般情况下，促成栽培选用休眠浅的品种，半促成栽培选用休眠中等的品种，北方寒冷地区露地栽培选用休眠深的品种。

四、湿度

草莓生长发育要有适宜的空气湿度，这样植株才能良好生长、开花结果，湿度过大或过小都会造成生长发育不良。扣棚后，日光温室内的湿度一般较室外的大，通常在一天中的凌晨湿度达最大值，随着太阳升起，湿度逐渐变小，12：00～14：00 是一天中湿度最小的时候，傍晚太阳落下后湿度又逐渐增加。当空气相对湿度在 40%～50% 时，草莓花药的开裂率最高，花粉发芽率也最高；若空气相对湿度达 80% 以上，则花药的开裂率很低，花粉无法正常散开，而且发芽率也低。因此，在草莓开花时期，日光温室内的湿度应控制在 40%～60%，以利于花粉散出和发芽。在草莓的整个生长期都要尽可能降低日光温室内的湿度，因为温室内湿度过大，容易发生病害，影响草莓的正常生长发育。除了通过覆盖地膜及膜下灌溉降低温室内湿度以外，还要特别重视换气，即使在寒冷的冬季，也要在接近中午时放顶风换气，这样做可以大大降低温室内的湿度。

五、光照

草莓是喜光植物，但又较耐阴。光照充足时，草莓叶片光合作用强，植株生长旺盛，叶片色深，花芽发育好，结果良好，能获得较高的产量。光照不足时，植株生长势弱，花序柄和叶柄细长，叶片色浅，花朵小，有的甚至不能开放，果实小，风味酸，着色不良，品质差，成熟期延迟，产量低。因此，一定要合理密植。在北方进行促成栽培时，冬季容易出现光照不足的情况，必要时可在温室内铺设反光膜或安装补光灯。

一般的草莓品种是短日照植物，在夏末初秋日照变短、温度变低的条件下形成花芽。温度为9～17℃时，花芽分化与日照长短关系不大。但在短日照条件下，17～24℃也能进行花芽分化。有的草莓品种为长日照植物，在17小时长日照条件下比15小时日照能形成更多的花芽，在13小时日照条件下，形成花芽数量很少或根本不形成花芽。还有一类日中性草莓品种，对日照长短不敏感，在各种日照条件下都能形成花芽。

六、二氧化碳和其他气体

二氧化碳是草莓进行光合作用的主要原料。一般情况下，空气中二氧化碳含量很低，通常为200～300毫克/升。设施栽培草莓，棚内二氧化碳的含量在一天内不断变化，18：00闭棚后，棚内二氧化碳含量逐渐增加，日出前达最高，升至500毫克/升左右，日出1小时后，二氧化碳含量逐渐下降，在9：00降至100毫克/升左右，虽然经过通风，棚内二氧化碳含量有所回升，但仍在300毫克/升以下。因此，棚内二氧化碳含量低是影响设施栽培时草莓生长发育的因素之一。补施二氧化碳可以使草莓叶片明显增厚，叶色浓绿，果个增大，成熟提前，增产15%～20%。但二氧化碳含量不能过高，当高于饱和浓度时，会造成二氧化碳气体中毒，所以棚内补充二氧化碳含量不宜超过1600毫克/升。中毒后植株气孔开启较小，蒸腾作用减缓，叶内的热量不易散出去，而使体内温度过高，导致叶片萎蔫、黄化和脱落。此外，当二氧化碳含量过高时，叶片内淀粉积累过多，叶绿体遭到破坏，反而会抑制光合作用的进行。

【注意】

保护地施用氮肥太多，密闭条件下分解出来的氨气和二氧化氮气体达到一定浓度时就会危害草莓。

在加热温室里，由于煤燃烧不完全和烟道有漏洞，易产生一氧化碳和二氧化硫气体，尤其是二氧化硫气体对草莓危害很大，使叶缘和叶脉间细胞很快致死，出现小斑点，受害重的叶片或植株枯黄。农用塑料薄膜等制品在使用过程中，经阳光暴晒，在高温下也可挥发出乙烯和氯气等有毒气体，使草莓叶片变黄致死，其中氯气的毒性比二氧化硫大2～3倍。因此，保护地栽培草莓应及时通风换气，不但有利于室外二氧化碳流入室内，而且还有利于棚内的毒性气体排出室外。

七、其他环境因素

草莓生产中地势和大风等也影响草莓的生长与发育。

1）在海拔较高地区或高山，由于温度过低而影响草莓开花结果，冬季严寒导致植株越冬困难。但春季回暖后，因高海拔地区昼夜温差较大，生产的草莓果实光泽好、品质优、硬度大、耐贮运性好，如河北省的坝上地区，在春天4月中下旬定植草莓，7月即可成熟上市，如果利用设施栽培，可将草莓成熟期延至10月，此时正值坝下地区草莓果空档淡季，效益十分可观。在温度较高的地区可利用高山冷凉气候进行育苗，促进草莓苗提前花芽分化，解决高温地区草莓植株无法进行花芽分化的难题，实现异地栽培。

2）微风可促进空气交换，增强蒸腾作用，改善光照条件和光合作用，还可消除辐射霜冻，降低地面高温，使植株免受伤害，减少病害。同时，微风利于授粉结实。但是大风天气对草莓不利，影响光合作用，使蒸腾作用加强，易发生植株干枯。部分品种的果柄和叶片质地较脆，在大风天气中叶柄易折断，叶片被刮破或局部变为黑绿色，最后变成干褐色而失去功能。花期遇大风，影响昆虫活动及传粉，柱头变干加快，影响授粉受精。果实成熟期遇大风天气，果实易被吹落或擦伤，造成严重减产。大风还会引起土壤干旱，影响根系生长，吹走砂土地的营养表土。特别是设施栽培，在草莓生长发育期外界温度低，大风将保温设施刮掉或吹开，会严重影响草莓的生长发育，冻伤花果，损失惨重。因此，一定要注意天气预报，及时防风。

3）连阴雨天气不仅光照不足，还会造成温度降低、湿度增大，不利于叶片进行光合作用及果实生长发育与成熟，同时病害加重，烂果率提高，特别是设施栽培，会严重影响产量和质量，减少收入。

第三章
草莓土肥水管理技术

第一节　土肥水管理中存在的主要问题

一、土壤存在的主要问题

1. 连作障碍

由于连续在同一块土壤中种植草莓，根系分泌物、残留物及某些病原生物在土壤中大量积累，使这块土壤成为有病土壤。加之草莓所需要的营养元素因连续被吸收而缺乏，不需要的营养元素在土壤中积累，致使土壤营养失衡。再者土壤微生物生态群落会被破坏，使草莓的生育状况变差、产量下降、品质变劣，甚至出现植株死亡。

2. 土壤次生盐渍化

由于长期过量施用化学肥料，使土壤中的盐分不断积累，尤其是硝酸盐。在设施栽培中，这些盐分随土壤水分上行聚集到地表，形成土壤表层次生盐碱化，土壤结构破坏，理化生物性质恶化。受盐害的草莓，轻则植株生长矮小、发育迟缓，重则叶片边缘枯黄变褐、根系腐烂，最终导致死亡。

3. 有机质不足

一是长期不施或少施农家肥，土壤有机质得不到补充；二是超量施用化学肥料，以及超出土壤负荷的高产，致使土壤有机质含量减少。这些都会导致土壤结构破坏、板结、肥力下降、土传病害加重等。

4. 土壤板结

由于土壤有机质缺乏，以及不合理的耕作和灌溉，大量施用化肥，导致土壤酸化、次生盐碱化，破坏了土壤团粒结构，从而出现土壤板结，影响植物根系发育和对营养物质的吸收。

5. 土壤湿度过大

设施栽培的管理往往是大水、大肥模式，浇水量大、次数多，使土壤湿度过大，通气不良，影响植株根系的发育，烂根现象常有发生。土壤湿度过大，还易引起空气相对湿度增加，诱发病害。

二、施肥存在的主要问题

1. 肥料用量过大

果农为了获得较高的产量，获取较好的收益，往往会加大肥料用量，施用量超过草莓生长需要的几倍以上，造成肥料的严重浪费及肥害现象。

2. 施肥不合理

施肥是提高土壤肥力、增加农作物产量的重要手段，但在长期施肥过程中，普遍存在着施肥不合理、施肥过度的现象。在一些地区，由于过度施肥、不科学施肥，使得土壤环境严重恶化。种植者在施肥过程中，重视氮肥施入，不重视有机肥施入，使氮、磷、钾摄入不科学，大量氮肥蓄积在土壤之中，导致土壤营养性能变差、耕作层变浅，氮元素进入地表水之后，对水源产生极大影响。此外，有些种植者在施用有机肥时，不注重有机肥的完全腐熟，使得有机肥中大量有毒元素进入农业生态系统之后，造成生物污染、化学污染，对土壤结构造成破坏，降低了土壤肥力，并且加重了草莓死苗、草莓减产。

3. 土壤中有机质偏低

在生产中人们一般偏重施用化学肥料，认为化学肥料肥效快、使用方便，而有机肥投入不足，有机质含量都偏低，造成土壤板结、理化性状差。

4. 不重视微肥、菌肥的使用

由于广大种植者对微量元素在草莓上的作用认识不足，忽略了微量元素肥料的使用，造成了草莓生产过程中缺钙、缺铁、缺镁等病害的发生；同时使用化学药剂对土壤消毒，造成土壤中有益菌的减少，又忽略有益菌的补充。

5. 施用假肥料

农民不具备专业的判断手段和检验技术，不能够分辨肥料的真假，从而施用假肥料，造成损失。

三、浇水存在的主要问题

1. 大水漫灌

大水漫灌破坏草莓根部附近的土壤结构，致使土壤表面板结，增加深层渗漏，造成土壤养分流失，加大棚室内的空气相对湿度，导致病害发生严重，草莓产量和品质下降等问题。大水漫灌还容易造成土壤淤心，降低草莓植株成活率。

2. 微、滴灌等节水灌溉技术应用不当

微、滴灌等节水灌溉技术虽有较大面积的应用，但在灌溉过程中，多数种植者不知道该灌多长时间、灌水量为多少，致使有的地块浇水过多，造成植株旺长，根系缺氧、沤根；有的地块浇水不够，造成植株缺水。

3. 浇水时间不对

有的种植者不管温度高低、不管早晚、不管晴天阴天都进行浇水。尤其是在设施栽培中，浇水时间不当会造成低温降低、设施内湿度增大，从而影响草莓植株的生长。

第二节　科学管理草莓园土壤

一、增加有机质，合理改良土壤

1. 增施有机肥和广种绿肥植物

有机肥料能改善土壤结构，丰富土壤微生物，增强土壤的保肥、

供肥、保水能力，保持土壤疏松，增强透气性。因此，增施有机肥和种植绿肥作物是草莓园土壤改良和培肥的最有效措施。

2. 合理进行土壤耕作

配合施用有机肥料，适当深耕，逐步加深耕作层，使耕作层深度达到30厘米以上。同时，利用夏秋晒垡，促进土壤熟化，保证耕作层疏松、肥沃，提高土壤有效肥力。

3. 中耕除草、地表覆盖、适时合理灌溉

中耕除草，可切断土表的毛细管；地表覆盖，可减少地面过度蒸发，防止盐碱上升；适时合理灌溉，洗盐或以水压盐，从而改良土壤。

4. 轮作养地

建立合理的轮作制度，有利于土壤营养的合理利用及肥力的维持，还可避免土传病虫害的蔓延。在轮作中安排一定的豆类蔬菜，可通过其根系的共生根瘤菌吸收利用气态氮素，提高土壤的含氮量。避免为追求一时的高产量而盲目施用单一化学肥料，应全面合理施肥，用养结合，促进保护地草莓生产的持续高产、稳产。

5. 使用土壤改良剂

土壤改良剂可提高土壤的团粒结构和保水性能，主要有以下几类。

1）矿物类，主要有泥炭、褐煤、风化煤、石灰、石膏、蛭石、膨润土、沸石、珍珠岩和海泡石等。

2）天然和半合成水溶性高分子类，主要有秸秆类、多糖类物料、纤维素物料、木质素物料和树脂胶物质。

3）人工合成高分子化合物，主要有聚丙烯酸类、醋酸乙烯马来酸类和聚乙烯醇类。

4）有益微生物制剂类等。

二、进行土壤消毒

进行土壤消毒是为了预防草莓重茬病。草莓重茬病是指连续多年种植草莓的地块会出现植株得病率高、植株矮化、叶片变小、果实膨大缓慢等症状，继而导致植株萎蔫死亡，造成严重减产，甚至绝收。重茬是一种复杂的生态现象，其致病原因包括土壤病原微生物的积累和侵染、自身根系分泌物的毒副作用、土壤线虫的危害，以及连续种植同一植物导致的土壤养分失衡等，但最主要的是土传病害的侵染。因此，为了确保优质、丰产，每年在定植前要进行棚室内土壤消毒处理。生产中常用的消毒方法有以下几种。

1. 太阳能消毒

太阳能消毒是安全、无公害的土壤消毒方法。具体做法是：将秸秆粉碎，加入尿素 5 千克/亩或有机肥 3 ~5 吨/亩，对土壤进行深翻、灌透水，在表面覆盖一层地膜或旧棚膜。为了提高消毒效果，可将用过的旧棚膜覆盖在温室的钢骨架上，密封温室（图 3-1）。太阳能消毒在 6 ~8 月进行，利用夏季太阳能产生的高温（土壤温度可达 40 ~55℃），能杀死土壤中的部分病菌、虫卵及草籽。太阳能消毒所需的时间为 40 天左右。

图 3-1　日光温室太阳能消毒

2. 石灰氮 + 太阳能 + 秸秆消毒

石灰氮是一种无残留、无污染、能改良土壤和抑制病虫危害的多功能肥料。将石灰氮施入土壤中后，与土壤中的水分、二氧化碳发生化学反应，生成氰氨化钙、游离氰氨等物质，氰氨化钙与土壤胶体上吸附的氢离子交换形成游离氰氨，进一步水解生成尿素，再进一步水解为碳酸铵。石灰氮不仅可以纠正土壤酸化，还具有除草、杀灭病虫害的功效。科学使用石灰氮，可有效杀灭根结线虫、杂草，改善土壤健康状况。但石灰氮发挥作用，必须满足高温、密闭和水 3 个条件。消毒的具体操作步骤如下。

1）棚室草莓采摘结束后，将草莓植株清理干净，进行灌水，待田间湿度在 60%～70% 时将秸秆及石灰氮均匀地撒施在地面后，立即用旋耕机深耕 30～40 厘米，使其与土壤充分地混合。每亩施用石灰氮 60～80 千克，再加秸秆或稻秆（切成 4～6 厘米长）1000 千克左右，或腐熟农家肥 3～5 吨。

2）旋耕后立即用旧的透明塑料薄膜覆盖地面，并进行土壤表面的密封。

3）将棚室完全封闭，利用晴天的太阳能使棚内温度达 60～70℃，土层内温度达 40～55℃，持续 20 天以上即可杀菌灭虫。

4）20 天以后除去棚室内覆盖地面的旧薄膜和棚膜，翻耕土壤，8 月中下旬至 9 月初便可再次定植草莓。

3. 棉隆消毒

棉隆，又名垄鑫、必速灭（图 3-2），是一种高效、低毒、无残留的环保型广谱性土壤熏蒸消毒剂。将棉隆施入潮湿的土壤时，能分解出异硫氰酸甲酯、甲醛和硫化氢等气体，这些气体经土

图 3-2 棉隆

壤间隙扩散，主要向上运动，能有效杀灭线虫、土壤害虫、真菌和杂草等土壤机体。具体的消毒操作步骤如下。

（1）土壤准备 草莓采收结束后，将植株残体清除干净；然后浇水，使土壤含水量保持在50%～70%（湿度以手捏土成团，掉地后能散开为标准），并且保湿7天，以便让土壤病害（真菌和细菌）、线虫、杂草种子萌动，这样更易被杀灭。随后用旋耕机耕地，深度为30厘米左右，同时可将腐熟的农家有机肥一同施入土壤中，以便同时杀灭农家肥中的病虫。

（2）施药及混匀土壤 将棉隆微粒剂均匀撒施于土壤表面，施药量在30～40克/米^2，重茬严重的地块多施，施药时间一般在6月上旬至7月上旬。施药后立即用旋耕机耕地，深度为30厘米左右，使药剂与土壤颗粒均匀、充分接触，提高消毒效果。

（3）密封熏蒸 混匀药土后，应迅速覆盖地膜密封土壤（图3-3）。地膜一般使用厚度为0.04毫米以上的新膜，用开沟压边法（内侧压土）封好四边（图3-4），以防漏气导致消毒效果降低。从施药到覆膜，时间越短越好，最好在2小时之内完成，以减少有效成分的挥发。覆膜后要对薄膜仔细检查，发现有破损时，应使用胶带进行修补。

图3-3 覆盖地膜密封土壤

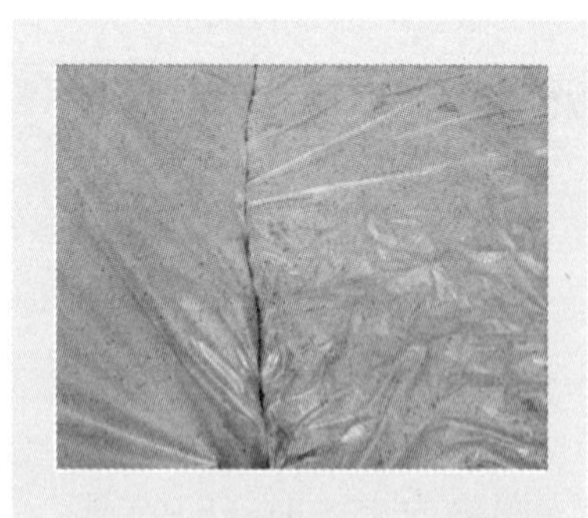

图3-4 内测压土法覆盖地膜

（4）揭膜、松土透气 熏蒸消毒结束后揭去薄膜，按30厘米深度翻耕土层，通风敞气 7 ~ 10 天。通风期间旋耕松土 1 ~ 2 次，释放土壤中剩余气体，确保完全敞气无残留，以免草莓移栽定植后产生药害。

（5）安全测试 随机选取少许消毒过的土放在瓶子内，保持一定湿度，将容易发芽的萝卜或白菜种子播撒其内，也可以直接在大田随机选几处播种以做安全发芽测试。如果发芽正常，就开始施肥整地、开沟起垄待种，否则要继续通风敞气，必要时再旋耕土壤 1 次。

使用棉隆进行土壤消毒时，所用时间间隔与土壤温度的关系，见表 3-1。

表 3-1 棉隆在不同土壤温度下使用时间间隔（推荐）

项目	10℃	15℃	20℃	25℃
保持土壤湿润（土壤准备，去除土壤残茬后）	7 天	7 天	7 天	7 天
施药，土壤消毒（施药、混合、覆塑料膜）	12 天	8 天	6 天	4 天
透气（揭去塑料膜，松土 1 ~ 2 次）	8 天	5 天	3 天	2 天
土壤熏蒸总时间	27 天	20 天	16 天	13 天

注意事项：

1）为避免经全面消毒处理的土壤第二次感染病害（真菌和细菌）、线虫等，基肥（但腐殖酸有机肥会影响消毒效果）一定要在消毒前加入，给苗床浇水应用干净水，松土通气深度切勿越过施药混土深度；并避免通过鞋、衣服或劳动工具将未消毒的土块和杂物带入消毒过的棚室内引起再次感染（棚室内需要用的器材和工具等可一起放入覆盖薄膜内消毒）。

2）棉隆是土壤消毒剂，不可兑水喷施于任何农作物上。

3）棉隆对鱼有毒。

4）棉隆应贮存于阴凉干燥之处，未一次用完时，必须密封，勿使其受潮。不得与食品、饲料一起存放。

4. 氯化苦消毒

氯化苦（图3-5）是一种能防治真菌、线虫、土壤害虫及杂草的土壤熏蒸剂。氯化苦对人体有强烈的刺激和催泪作用，为高毒农药，很容易引起人体中毒，使用时要特别注意安全。使用氯化苦进行土壤熏蒸消毒时，要由机械化专业团队操作完成，施用过程应严格按照操作规程进行，相关人员要穿防毒防护服，并佩戴指定的防毒防护面具等。当以上措施在技术或经济上可行时，方可考虑采用氯化苦消毒的方法。具体的消毒操作步骤如下。

图3-5 氯化苦

（1）浇水 草莓采收结束后，将植株残体清除干净，然后浇水湿润土壤。黏性土壤提前4～6天浇水，砂性土壤提前2～4天浇水，如果已下雨，土壤耕层基本湿透，可省略浇水的步骤。

（2）土壤旋耕 当10厘米土层相对湿度为60%～70%时，进行旋耕，深度为20～30厘米。旋耕时充分碎土，确保旋耕后的土地平整、松软。

（3）施药 施药量为24～36克/米^2。重茬年限越长，使用量越大。

1）手动施药。向手动注射器内加药时，应将注射器出药口插入地下。将药剂均匀施入地表下15～30厘米的土壤中，注入点间距为30厘米，边注入边将药孔用脚踩实，操作人员应迎风操作。

2）机械施药。专用施药机械需配置具有相应马力的动力装置，如拖拉机等，将施药机械与动力设备连接后，将药剂均匀地施入土壤中（图3-6）。

图3-6 小型拖拉机施药

（4）覆盖塑料薄膜 为防止药剂向大气中挥发，施药后立即覆盖地膜，一般使用厚度为0.04毫米以上的新膜，用开沟压边法（内侧压土）封好四边，以防漏气导致消毒效果降低，并在塑料薄膜上适当压土。覆膜期间，要定期巡查，发现问题及时处理。

（5）揭膜放气 揭膜时先从两侧揭开，清除膜周围的覆土，次日再将膜全部揭开，使残存气体缓慢释放，以免人、畜中毒。

（6）安全测试 参考棉隆的安全测试。

氯化苦消毒熏蒸的时间与土壤温度的关系：温度高时，覆膜时间短；温度较低时，覆膜时间需要适当延长。具体覆膜密封及通气时间见表3-2。

表3-2 覆膜密封及通气时间

10厘米土层温度/℃	密封时间/天	通气时间/小时
>25	>7	5~7
>15~25	>10	7~10
12~15	>15	10~15

注意事项：

1）使用氯化苦进行土壤消毒的操作过程中应避开人群，杜绝人群围观，严禁儿童在施药区附近玩耍。

2）将相邻的农作物用塑料薄膜覆盖或隔离，防止氯化苦扩散而造成药害。

3）无明显风力的小面积低洼地且旁边有其他农作物时，不宜施药。

4）施药过程中，若氯化苦不慎洒落在地面上，须覆土处理。

5）施药完成后，应在处理区就地用煤油或柴油及时清洗施药机械，清理机械时应远离河流、养殖池塘、水源上游。

6）氯化苦废弃包装物及清洗废液应妥善回收，集中处理。

7）当皮肤不慎接触氯化苦，应及时用大量清水冲洗，若有不适，及时就医。

8）施药后应将防护服及时单独清洗。

【注意】

采用化学药剂消毒的土壤，一定要注意有益菌的补充。

第三节　科学施肥与浇水

一、主要营养元素对草莓生长结果的作用

（1）氮　氮是草莓的主要营养元素，其对草莓的生长、发育、产量、品质都有重要的影响。氮能促进新茎的生长，加大叶面积，增加叶内氮素含量，使叶色浓绿，叶绿素含量高，提高光合效率。还可加大叶柄的粗度，增加花芽量，提高坐果率及草莓产量。

（2）磷　磷能增加花芽数，提高坐果率和产量，促进植株对氮素的吸收，提高果实对磷的吸收，使茎叶中淀粉和可溶性糖的含量

增加。

（3）钾 钾多则果实大、糖酸含量均高，钾可促进果实膨大和成熟，改善果实品质，促进花芽分化，提高产量，还可提高植株抗旱、抗寒、抗高温和抗病虫害的能力。

（4）钙 草莓对钙的吸收量仅少于钾和氮，以果实中含钙量最高。钙可降低果实的呼吸作用，增强果实耐贮性，减少生理病害，增强植株抗逆性，保证根系正常生长，降低铜、铝对草莓的毒害作用。

（5）镁 镁使草莓根系生长健壮，能促进体内维生素 A 和维生素 C 的形成，对于提高果实品质有重要意义。镁还能增强植株抗寒越冬的能力。

（6）硫 植物体的硫、磷含量相近。硫是蛋白质的组成成分，在植物体内以还原状态存在。硫还存在于维生素 B_1 的分子中。缺硫时，胱氨酸不能形成，代谢作用受阻。硫对叶绿素的形成也有一定影响。

（7）硼 硼可提高草莓坐果率，减少未受精果，提高产量，使枝叶生长繁茂，根系发育良好，增加果实可溶性糖含量，提高叶片中硼的含量。

（8）锌 锌可提高草莓的抗寒性和耐盐性，增加花芽数，提高单果重，从而提高产量。

（9）铁 铁使草莓生长正常，防止黄叶，增加叶片中的叶绿素含量。

（10）锰 锰能使草莓正常生长，促进幼苗的早期生长及花粉发芽和花粉管生长，能提高果实含糖量，显著提高产量。

（11）钼 钼是植物体内硝酸还原酶的主要成分。这种酶的作用是把硝酸态氮转变为铵态氮，并进一步形成蛋白质。钼能改善植物体内物质运输的能量供应。缺钼，会阻碍糖类的形成，使维生素 C 含量减少、呼吸作用减弱、抗逆性下降。

（12）铜 铜是植物体内某些氧化酶的组成成分，主要分布在植物生长较活跃组织中。铜在植物体内含量极微。缺铜，会影响叶绿素的生成，阻碍碳水化合物和蛋白质的代谢。但铜过剩，新叶叶脉间失绿，会诱发缺铁症。

二、缺素症及其补救方法

详见第八章　草莓病虫害防治技术中“主要生理性病害及其防治”的内容。

三、常见肥料种类及特点

1. 有机肥料

有机肥料主要包括传统有机肥和商品有机肥。有机肥料养分全面、肥效持久，还可以改善土壤结构，培肥地力，促进土壤养分的释放，对提高草莓质量，生产无公害、绿色及有机草莓具有重要意义。传统有机肥在施用前一定要腐熟，主要包括人粪尿、厩肥、家畜粪尿、禽粪、堆沤肥、饼肥、绿肥等。将未经腐熟的粪肥直接施入土壤，在传播病虫害的同时，还会烧苗或烧根，造成土壤缺氧，延缓肥效。

2. 无机肥料

常见的无机肥料（化学肥料）主要有单质肥料、复合（混）肥料、缓控释肥料、水溶性肥料等。与有机肥料相比，化学肥料虽然养分单一，但肥效更快。

（1）单质肥料　主要有氮肥（如尿素）、磷肥（如过磷酸钙）、钾肥（如硫酸钾）、微量元素肥料（如硼肥）。

（2）复合（混）肥料　指含有氮、磷、钾三要素中两种或两种以上的肥料。其中含两种主要营养元素的肥料称作二元复合肥料，含3种主要营养元素的肥料为三元复合肥料，在复合肥料中添加一种或几种中、微量元素的称为多元复合肥料。复合肥料的有效成分一般用 $N\text{-}P_2O_5\text{-}K_2O$ 的相应百分含量表示，如市面上常见的复合肥料包装袋上标明“15-15-15”，指该肥料是含氮（N）15%、含磷（P_2O_5）

15%、含钾（K_2O）15%的三元复合肥。

（3）缓控释肥料 指肥料养分释放速率缓慢，释放期较长，在植物的整个生长期都可以满足植物生长需求的肥料。缓控释肥料可以大致分为4个类型：化学合成型缓控释肥料、抑制剂型缓控释肥料、包膜型缓控释肥料和包裹型缓控释肥料。

（4）水溶性肥料 一种可以完全溶解于水的多元复合肥料，能够迅速溶解于水中，更容易被植物吸收利用。其不仅可以含有植物所需的氮、磷、钾等全部营养元素，还可以含有腐殖酸、氨基酸、海藻酸、植物生长调节剂等。可应用于冲施、喷灌、滴灌，实现水肥一体化。

3. 生物肥料

生物肥料是人们利用土壤中的有益微生物制成的肥料。其本身不含植物所需的营养元素，而是通过肥料中微生物的生命活动，增加有效养分或分泌激素刺激植物生长、抑制有害微生物活动，因此施用生物肥料具有一定的增产效果。目前，在农业生产中应用的生物肥料主要有三大类，即单一生物肥料、复合生物肥料和复混生物肥料。生物肥料施用方法比化学肥料、有机肥料严格，有特定的施用要求，使用时要注意施用条件，严格按照产品使用说明书操作，否则难以获得良好的施用效果。

四、施肥时期、方法及数量

具体详见第四章 草莓育苗关键技术、第五章 草莓促成栽培关键技术及第六章 草莓露地栽培关键技术中的相关内容。

五、灌水、控水及排水

草莓根系浅，不耐旱、不耐涝，在栽培过程中应合理灌水、控水及排水。

1. 灌水

一般来说，1株草莓生长期间大约需要15升水。从幼苗到开花结果期，需要每隔一段时间就灌 1 次水。

（1）灌水原则 草莓在整个生长发育期间都要求有比较充足的水分供应，应把握“湿而不涝、干而不旱”的原则。

（2）灌水时间的选择 温室大棚灌水宜选在晴天的上午进行，不宜在雨、雪天或者傍晚时进行，否则易造成温室大棚内空气相对湿度过大而引起病害。露地栽培，应避免在中午高温时段浇水。

（3）灌水依据 从生产实践上看，植株是否需水不完全取决于土壤是否湿润，判断是否该浇水的重要标志是要看植株叶缘在早晨是否“吐水”，如果叶片边缘有水滴，说明水分充足，根系吸收功能较强；相反，则表示缺水或吸收水分能力较差，需及时灌水。

（4）控制好灌水量 草莓根系浅，喜湿不耐涝。因此，应掌握好灌水量，灌水过多，容易引起根系呼吸困难、窒息腐烂，植株茎叶发黄，甚至死亡。

（5）采用滴灌灌水 滴灌投资少、省工、节水，可实现水肥一体化，所以建议使用滴灌灌水。棚室内采用滴灌灌水，能有效地控制湿度，减轻病害的发生。同时易控制水量，提高地温，提高肥料利用率，改善土壤结构，增强土壤透气性，利于根系生长，促进草莓生长发育，实现优质高产。

2. 控水

（1）定植成活后至花前控水 在此时期进行合理控水蹲苗，能抑制植株旺长，促进早熟，增加产量。

（2）开花期控水 在开花期应控水放风，否则会引起授粉受精不良，产生畸形果。

（3）果实成熟期控水 在果实成熟期适当控水，可促进果实着色，提高品质，增加果实硬度，减少病害。

3. 排水

（1）雨后排水 下大雨后，应尽快排出田间积水，降低土壤含水量。要做到能排即排，不能自然排水的就采用机械排水，争取在最短的时间内排出田间积水。因为长时间积水，会导致土壤通气性差，根系加速衰老死亡，进而影响地上部生长发育，同时植株抗病性也会降低。

（2）立体基质栽培排水 对于排水性差的栽培槽，应注意及时排水，否则会造成基质含水量高、通透性差，致使根系生长差，甚至出现盐害的情况。

第四章
草莓育苗关键技术

第一节　草莓育苗中存在的主要问题

草莓种苗质量的好坏是草莓获得优质高产的关键。种苗健壮，抗病性强、花芽分化早、后期产量高、品质好。但目前育苗中还存在一些问题，主要如下。

一、三级育苗体系不完善、专业育苗圃少、自繁自育情况严重

目前，我国草莓生产中三级育苗体系尚未建立健全，育苗工作比较粗放，专业育苗圃、高海拔冷凉育苗相对较少，生产上自繁自育情况较多。部分产区还采用结过果的植株育苗，这些种苗因其母株结果，消耗了大量营养且病虫害加重，致使发生的匍匐茎苗细弱多病，达不到优质种苗的标准，因而结果能力减弱，达不到优质丰产的目的。特别是在田间多年靠匍匐茎无性繁殖，致使病毒在植株体积累，导致病毒病不断扩展和蔓延，从而使许多优良品种严重退化，草莓果实变小且畸形、品质变差、产量降低等。

二、育苗与种植在同一区域进行，造成病虫害多、死苗多、用药多

生产中许多种苗是在草莓生产区所育，草莓生产区由于连年种植草莓，造成土壤、空气质量不佳，周边作物病虫积累等，对草莓育苗产生了极大的副作用。例如，造成叶斑病、炭疽病、根腐病、红叶病、蓟马、红蜘蛛、夜蛾类、蛴螬等病虫害加重，加大了农药的使用

量，使种苗的抗病虫害能力急速下降，导致购买地买入种苗种植后死苗现象加重。

三、育苗地草害严重

草莓育苗一般有5~6个月的时间，此期田间杂草生长旺盛，由于草莓植株对除草剂比较敏感，因此主要靠人工除草，费时费工。

四、种苗质量参差不齐、市场监管空白

种苗质量参差不齐主要表现在两个方面，一是高脚苗与瘦弱苗仍占很大比重，根颈粗0.8厘米以上、根系发达的健壮苗比例在生产上不到50%；二是近几年生产上许多农户采用控旺药剂，致使种苗存在过度控旺的现象。种苗质量差，严重影响草莓的成熟期、产量、品质及抗病性。由于我国没有专门的机构监管草莓种苗的质量，也造成了草莓种苗质量的参差不齐。

第二节　提高大田匍匐茎繁殖生产苗效益的方法

培育优质壮苗是草莓高产优质的基础。草莓的产量，是由花序数、开花数、坐果率、低级序果重比例、果实大小和单位面积总株数等因素构成的，这些因素与植株的营养状况和生长发育状态有密切的关系。草莓的育苗期一般在3月中下旬至9月上旬，育苗的关键技术如下。

一、地块选择

育苗地应选择土质疏松、有机质含量高、土壤肥沃、排灌方便、pH为6.0~7.0的地块，土壤的环境质量应符合无公害草莓产地的土壤环境质量要求，最好选择高海拔冷凉区域（这些地块繁育的种苗病虫害少、花芽分化早）。切忌选用土质黏重的地块，最好是选择没有栽过草莓的地块进行育苗，如果是连作地块，育苗前要进行土壤消毒（方法参照第三章中的相关内容）。生产苗繁育圃要与草莓生产田

最好有 5 千米以上的空间隔离，育苗前要做好通电、通水工作，在育苗地四周挖好排水沟。

二、整地与施肥

育苗地块选好后，彻底清除其上的残枝、枯叶及杂草，然后进行全面深翻。在母株定植前应施足底肥，每亩施腐熟农家肥 5000 千克、过磷酸钙 30 千克，耕翻深度为 30 厘米，耕匀、耙细、耙平，然后做畦。育苗圃最好采用高畦（图 4-1）栽培，一般畦宽 1.5 米，沟深 20～30 厘米、宽 30 厘米，长 20～30 米的苗畦。在夏季雨水较多地区，育苗地四周要挖排水沟，防止雨水浸泡种苗，苗畦浇水最好采用喷灌方式。

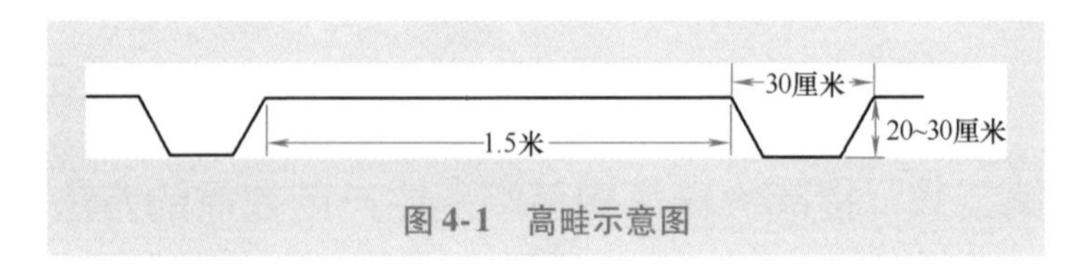

图 4-1　高畦示意图

三、母株选择与定植

1. 母株的选择

生产者可直接购买原种苗进行生产苗的繁殖。原种苗选择标准：品种纯正、根系发达、无病虫害。原种苗的母株一般比生产田选留母株的健壮程度要略差一些，这是组织培养脱毒苗繁殖第一代的共性，但用它繁殖出的第二代生产苗，则非常健壮。

2. 母株的定植

春季当日平均温度达到 10℃以上时定植母株，一般年份华北地区在 3 月下旬至 4 月上旬定植。将母株单行定植（图 4-2）在畦中央，株距 50～60 厘米。对于匍匐茎繁殖能力弱的品种，每畦栽 2 行（图 4-3），行距 60～80 厘米，每亩定植母株 800～1000 株。在苗床上按栽植密度刨穴，将母株放入穴中央，让根系完全舒展开，然后培细土压实，栽植深度为母株新茎基部与床面平齐，做到“深不埋心、浅不露根”（图 4-4）。

图 4-2 单行定植

图 4-3 双行定植

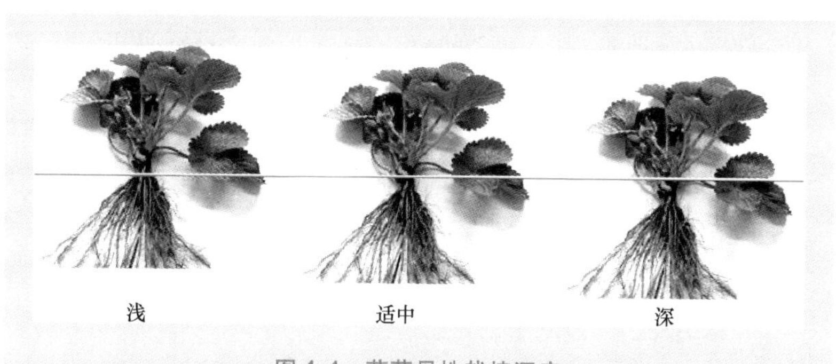

图 4-4 草莓母株栽植深度

母株定植后应及时浇水，确保成活，采用喷灌（图 4-5）或滴灌（图 4-6）的灌溉方式均匀灌溉，最好采用微喷灌，不建议采用大水漫灌。微喷灌是采用微喷头将水流以细小的水滴喷洒在草莓植株附近进行灌溉，类似细雨，在灌溉过程中泥土不会飞溅到草莓植株上，也不会损伤草莓植株，有利于减少病害的发生，并且微喷灌的方式可以避免大水漫灌造成的土壤板结，生产出的子苗根系更加健壮。定植后应立即浇 1 遍透水，连续浇 3 次，保证母株成活。土壤相对湿度保持在 60% 以上，可成倍提高繁殖子苗的数量。

图 4-5　喷灌灌溉

图 4-6　滴灌灌溉

四、苗圃地的管理

草莓育苗要掌握“前促后控”的原则，即前期（4～6 月）应保持土壤湿润，适时追肥、喷施赤霉素，促发匍匐茎；后期（7～8 月）适当控肥、控水、控匍匐茎，培育壮苗，避免产生旺长苗。

1. 土肥水管理

（1）土壤管理　土壤管理的主要任务是中耕除草，母株定植成活后要进行多次中耕除草，保持土壤疏松，中耕的深度一般为 2～3 厘米。在匍匐茎大量发生前，一般中耕除草 2～3 次。中耕除草时，注意不要对子苗造成伤害，或拽动子苗。

（2）肥水管理　生长前期要小水勤浇，雨季到来时应注意排水防涝，尤其是大雨后出现育苗圃有积水的现象，应该及时排除雨水。如果通过排水沟排水效果不好，则采用抽水泵进行排水，防止草莓植株遭受涝害。

缓苗后，叶面喷施 0.2%～0.3% 尿素 1 次。在幼苗大量发生时期，每隔 15～20 天进行 1 次根外追肥，每亩施氮、磷、钾平衡型大量元素水溶肥 5 千克，并喷施 2～3 次氨基酸复合叶面肥，可促进壮苗。7 月下旬停止使用氮肥，防止出现旺长而影响花芽分化，应改喷 0.5% 磷酸二氢钾 2 次。

2. 植株管理

（1）去除花序　母株抽生的花序应及时去除（图4-7）。去除花序时尽量远离根部，以免带动根部活动而拉断毛细根。去除花序可以节省养分，有利于匍匐茎的发生和子苗生长，提高子苗质量。摘除花序的时间越早越好。

图4-7　及时去除母株上的花序

（2）去除病老残叶　当母株上的新叶展开后，应及时去掉老叶、枯叶和病叶（图4-8），去除病老残叶，可以减少植株养分的消耗，利于植株通风透光，减少病害的发生。去除病老残叶的方法：一只手扶住植株，另一只手拿住叶柄，轻轻地将整个病叶或老叶掰下来。

图4-8　去除病老残叶

【注意】

去除病老残叶时，应将托叶鞘一并去除，防止托叶鞘传染病害。

（3）及时拔出异株 草莓种苗的培育一定要保证品种纯正，在育苗过程中，要经常在育苗地进行观察，及时拔出混杂的异株，并且小心地把异株抽出的所有匍匐茎子苗清理干净，带出育苗圃，最大限度地保持品种纯正。

（4）引茎、压茎 匍匐茎伸出后，要及时引茎，使匍匐茎在母株四周均匀分布（彩图6），避免重叠在一起或疏密不均匀，影响子苗的生长。当匍匐茎长到一定长度出现子苗并有2片叶展开时，便培土压蔓，以促进子苗生根和加速生长。

（5）匍匐茎摘心 7月末至8月初，匍匐茎基本上爬满整个苗畦，如果密度过大，秧苗拥挤，会形成许多徒长苗。徒长苗的叶柄细长，根系不发达，质量较差。8月末以后形成的匍匐茎子苗根系较少、质量较差，应结合匍匐茎摘心，摘除无效的小苗，并限制小苗的形成，减少养分的浪费，每株保留40株左右的匍匐茎子苗，确保前期形成的子苗发育完善，达到壮苗的标准。另外，还可以于8月上、中旬各喷1次2000毫克/千克青鲜素或4%矮壮素，抑制匍匐茎抽生，使早期的匍匐茎子苗生长健壮，控制子苗的产生。

3. 喷施赤霉素

对于匍匐茎发生能力较弱的品种，用赤霉素处理，可以促发匍匐茎，扩大繁殖系数。在匍匐茎发生初期，用40~60毫克/升的赤霉素喷布苗心，应选择在多云、阴天或晴天的7：00~9：00和15：00以后喷洒，避开中午高温时段，每株喷5~10毫升，对促进匍匐茎萌发有明显的效果，同时又可抑制植株开花。整个生长季可喷施赤霉素1~2次。赤霉素的使用浓度要严格掌握，若浓度过低，则促发匍匐茎的效果不明显；若浓度过高，则会导致母株徒长。

4. 遮阴、避雨

育苗期一般是在高温炎热、多雨季节，对部分耐热性、耐涝性较差的品种要进行田间遮阴（图 4-9、图 4-10）避雨。

图 4-9　利用树冠遮阴

图 4-10　利用玉米遮阴

5. 除草

随着子苗的大量生成和进入雨季，还会长出大量杂草，在此期间要及时人工除草，避免杂草与子苗争夺养分和水分，确保子苗有足够的生长空间。因为草莓对多种除草剂比较敏感，所以不提倡化学除草。

6. 病虫害防治

在育苗期间重点防治草莓炭疽病、蛇眼病、“V”型褐斑病、褐色轮斑病，以及蚜虫、蓟马、蛴螬、地老虎等病虫害，具体防治方法参照第八章　草莓病虫害防治技术中的相关内容。

7. 生产苗出圃

当匍匐茎子苗长出 4 ~5 片叶时，可根据生产需要进行出圃定植。起苗前 2 ~3 天要浇 1 次透水，使土壤保持湿润状态。近距离栽培的，最好带土坨起苗，这样苗不易被风吹干，而且苗定植后基本不用缓苗，能大大提高成活率。起苗深度不少于 15 厘米，避免因过浅而伤根。子苗起出后如果不能及时定植，应该把子苗放在阴凉处，并且保持根系湿润，防止根系被风吹干。

对于需要远途运输或出口的草莓苗，苗木的处理比较严格。子苗起出后，首先进行挑选和清洗；然后按 50 株为 1 捆，在根部套上塑料袋，以保持根部水分充足，并且挂标签（图 4-11）；将捆好的草莓苗装箱后送入冷库中预冷 24 小时以上（图 4-12），然后装入低温冷藏车运输。

图 4-11　草莓苗装袋

图 4-12　草莓苗装箱预冷

第三节　提高草莓穴盘育苗效益的方法

我国草莓育苗大部分还是采用裸根苗的形式，草莓穴盘苗与裸根苗比，具有种苗质量好、定植时间灵活、栽培成活率高、无缓苗期、果实成熟早、产量高、病害少、省时省工等优点。具体关键育苗技术如下。

一、种苗选择

用于繁育穴盘苗的种苗，应选择品种纯正、植株健壮、根系发达、具有 4～5 片叶、无病虫害的脱毒苗作为母株。

二、母株定植

定植方法参考本章第二节中母株选择与定植，定植密度可增加 20% 左右。

三、穴盘苗育苗场地选择

穴盘苗的育苗场地应具有避雨、遮阴、通风降温等功能，并且浇水方便，可选择智能温室、日光温室或搭建避雨遮阴棚，对于大棚和温室应安装遮阳网。一般每亩地可放穴盘苗 7 万 ~8 万株。

四、安装微喷带

在育苗场地铺设喷灌带，可根据喷灌带喷灌幅度设定喷灌带间距。

五、穴盘的选择、基质的配制、基质装盘

1. 穴盘的选择

通常选用穴盘的规格：54 厘米 ×28 厘米 ×8 厘米的 32 孔穴盘（图 4-13），每个穴盘可繁育优良草莓种苗 32 株。

图 4-13　育苗常用的 32 孔穴盘

2. 基质的配制

育苗基质可以采用专用草莓育苗基质（图 4-14）或自己进行配比，可以按草炭∶蛭石∶珍珠岩为 2∶1∶1 的体积比进行配制，也可按草炭∶蛭石为 2∶1 的体积比进行配制。基质准备好后，备用。

3. 基质装盘

子苗扦插前将含水量为 85% 以上的基质装入穴盘中，稍加镇压，使基质表面与穴盘表面相平，要保证不漏穴、不中空（图 4-15）。

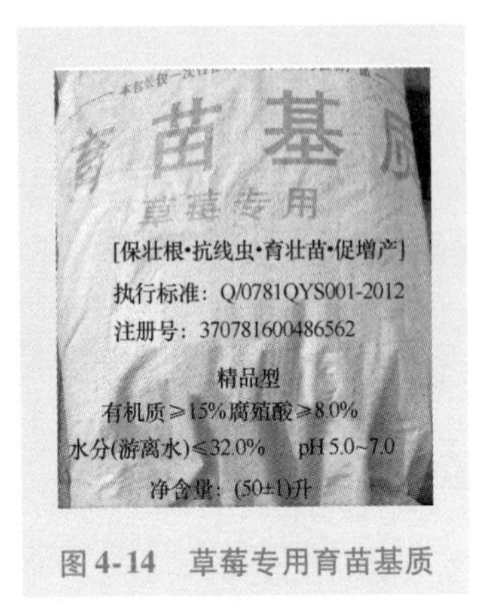

图 4-14　草莓专用育苗基质

图 4-15　装满基质的穴盘

六、子苗采集和扦插

1. 取苗

在 7 月上旬至 8 月上旬，根据定植时间选择合适的取苗时间。一般穴盘苗生长 35 天后即可定植。

取苗标准：根据育苗地子苗生长情况分批次从种苗上（图 4-16）摘取已经长出新根、无病害、3 叶 1 心的子苗，摘取时通常在子苗上留 1～2 厘米长的匍匐茎待用（图 4-17）。

图 4-16　种苗

图 4-17　留有匍匐茎的子苗

2. 插苗

插苗前整理已摘取的子苗，去掉根部前端匍匐茎尖及病残叶片。将准备插苗的穴盘先浇透水，插苗时先用手指或细木棍在浇过透水的基质上扎孔，然后用木棍或手指按住苗根系插入基质中，将苗扶正，基质压实、压紧，用育苗叉固定匍匐茎（彩图7），插苗深度以“深不埋心、浅不露根”为标准，做好品种、插苗日期等标记（图4-18）。

图4-18　做好品种标记

3. 穴盘摆放

将插好的穴盘苗根据地面空间及管理操作方便度来确定穴盘摆放位置，形成穴盘床（图4-19），有条件的可采用专用的育苗床（图4-20）进行穴盘育苗。

图4-19　搭建遮阴棚形成穴盘床

图4-20　穴盘育苗专用的育苗床

七、插苗后管理

1. 肥水管理

（1）叶面喷肥　幼苗成活后，每隔 7～10 天喷 1 次 0.3% 尿素加磷酸二氢钾。

（2）浇水　随插苗随浇水，以防苗萎蔫，喷灌水柱不能过高，以防水流将基质冲刷到穴盘外。插苗后每天喷 1～2 遍水，维持 1 周，以早晨苗不打蔫为准，1 周后视基质情况浇水，使基质始终保持湿润状态。要对苗床进行检查，喷灌未浇到水的地方用人工浇水，扶正倒伏苗。因浇水使根部暴露在基质外的苗，应及时重新插苗，后期检查时发现黄叶、死苗要及时去除，并带出棚外处理。

2. 光照管理

穴盘苗插苗前期要避免阳光暴晒，育苗棚室可覆盖遮阳网。一般情况下插苗 3 周后根部长满穴盘，此时白天可将遮阳网四周卷至棚室顶部，草莓苗发根的最适温度为 15～20℃，若温度较低，晚上要将四周卷起的遮阳网放下，以利于草莓苗生长。

3. 病害管理

夏季高温期间，注意防治炭疽病、叶斑病等，每隔 7～10 天喷药 1 次，可选用的农药有 75% 代森锰锌水分散粒剂 600～1000 倍液、250 克/升吡唑醚菌酯乳油 1000～2000 倍液、250 克/升嘧菌酯悬浮剂 800～1000 倍液、400 克/升戊唑醇 · 咪鲜胺水乳剂 1000～1500 倍液。

八、包装运输

通常插苗 35 天后穴盘苗就可定植，此时幼苗普遍长出 4～5 片展开叶，根系已包裹成团。运输时，穴盘草莓苗可以整盘或数盘摆放在专用包装箱里，也可从穴盘中拔出来整齐地摆放在包装纸箱或塑料箱里。装箱前逐个对穴盘苗进行检查，去除病残叶，将生长整齐一致、不缺苗的穴盘装箱，装箱过程中由专人对每个纸箱标注品种名等信息。

第四节 促进花芽分化的育苗措施

在促成栽培中，为了培育优质壮苗及促进花芽提早分化，可采取假植、冷藏等处理措施，具体内容如下。

一、假植措施

假植苗与普通苗相比，根系活力旺盛、新生须根多，而且花芽分化期和采摘期都会相应提前。假植措施主要包括营养钵假植和苗床假植，并且营养钵假植优于苗床假植。

1. 营养钵假植

营养钵假植一般在6月中旬至7月中下旬，选取2叶1心以上的匍匐茎子苗，栽入直径10~12厘米、高10~12厘米的塑料营养钵中。育苗土可选用草炭∶蛭石∶珍珠岩为2∶1∶1或其他配方，其中可加入优质商品有机肥10~20千克/米^3。将栽好苗的营养钵排列在架子上或苗床上，株距15厘米。假植育苗期为50天左右。

2. 苗床假植

（1）假植时期　假植时期一般在7月底至8月初，假植时间为30~50天。

（2）前期准备　搭建大棚，覆盖50%~70%遮阴度的遮阳网。假植床要选择土质疏松、肥沃、排水良好、无病虫害的壤土，每亩施入商品有机肥100~150千克。

（3）假植方法　起苗前1天繁殖圃必须浇透水，以减少伤根。选取2叶1心以上的匍匐茎子苗，边起苗边假植。假植密度为15厘米×15厘米。假植后立即浇水，有条件的最好进行遮阴。

3. 假植后的管理

（1）肥水管理　移栽后立即灌水，并在3~4天内每天都要浇1次或喷1次水，以保持土壤湿度。撤除遮阳网后2~4天，每天也要浇1次或喷1次水。一般假植后不宜大量追施肥料，8月上旬叶色偏黄，可追1次肥，还可叶面喷施0.2%~0.4%磷酸二氢钾或氨基酸叶面肥。8月中下旬应控制氮肥、控水，以利于花芽分化。

(2) 植株管理 假植苗成活后，要及时摘除病叶、老叶和黄叶，经常保持植株有4~5片展开叶。假植期间出现的腋芽及抽生的匍匐茎，要全部摘除。假植后10天左右撤除遮阳网，最好在阴雨天进行。

(3) 病虫害防治 7~8月发生的虫害主要有斜纹夜蛾、蓟马，病害主要有叶斑病、炭疽病。防治方法见第八章 草莓病虫害防治技术中的相关内容。

二、冷藏措施

为促进花芽分化，8月上旬将健壮的子苗置于10℃黑暗条件下20天。选苗的标准为5片以上展开叶、根颈粗1.0厘米以上。冷藏方法是：起苗后将根土洗净，摘除老叶，装入铺有报纸的塑料箱内，然后放入10℃冷库中。在入库和出库前将子苗放在20℃环境中各炼苗1天。诱导结束后，将子苗立即定植。采用冷藏措施，可使草莓促成栽培收获期提早。

第五章
草莓促成栽培关键技术

第一节　草莓促成栽培中存在的主要问题

一、品种及种苗问题

1. 品种问题

目前生产上草莓的主栽品种多自日本和欧美引进，主要为日本的红颜、章姬，美国的甜查理，这些品种经过多年的栽培出现品种退化现象，表现出产量低、品质差、病害严重等问题。如日本品种不抗白粉病、炭疽病；甜查理红叶病大规模暴发，大大制约了我国草莓产业的发展。近几年国内虽然也培育出了一些优良新品种，但在生产中推广比较慢。因此，应加强自育新品种的推广力度。

2. 种苗问题

许多种植者用结过果的植株进行种苗繁育或向产区购买种苗，致使种苗质量参差不齐，并且种苗病害严重，尤其是炭疽病，造成种苗定植后到开花结果期持续死苗，损失极大，大大影响了草莓种植者的积极性，对草莓产业的发展起到了严重的制约作用。

二、土壤质量下降、连作障碍严重

很多草莓种植者单方面追求产量，存在过量施用化肥的问题，再加上钢架大棚不能移动，草莓设施的常年使用，导致土壤次生盐渍化程度偏高，容易产生盐害。并且由于连年种植草莓，没有进行土壤处

理或处理不完全，土传病害、线虫危害及根系次生代谢物等连作障碍影响草莓生长，造成草莓植株抗性下降、病害严重、产量降低、果实变小、品质变差等。

三、部分种植者使用农药较多

经过多年的种植，草莓地土壤带菌严重，特别是灰霉病、白粉病和炭疽病菌丝的残留，致使草莓苗移栽后极易发生病害。同时由于一些种植者缺乏病虫害的提前防控意识及规范化栽培技术，导致其在白粉病、炭疽病、蚜虫、粉虱、蓟马、红蜘蛛、叶蛾等病虫害防治时大量使用农药，造成种植的成本提升及植株产生抗药性，同时也影响果品安全。

四、产量问题

目前，我国设施栽培草莓存在平均单产低的问题，主要是种苗质量差、脱毒苗应用少、栽培技术较落后等原因造成的。

五、品质问题

1. 内在品质差

许多种植者不注重有机质、中微量元素的施入，不注意设施内温度的调控、控水、病老残叶的及时摘除及疏花疏果等，导致果实含糖量低，果实内在品质差。

2. 外在品质差

有些种植者在花期使用杀菌剂、杀虫剂，导致授粉受精不良，产生大量畸形果，果实外观品质差。

六、种植者缺乏栽培技术

由于大部分种植者没有经过系统的技术培训，缺乏对草莓生长发育特性、肥水管理特点、温湿度管理技术、植株管控技术及病虫害综合防治技术的系统掌握，特别是对新型农业投入品、新设施设备缺乏了解，对优良种植苗的重要性认识不足，便不能有效确保草莓优质、高产、高效生产，从而影响了草莓产业的发展和种植者增收。

第二节　提高促成栽培效益的方法

一、选择良种壮苗

1. 品种选择

应选择休眠期短、花芽形成容易、耐花期低温、优质、抗病、丰产的鲜食品种，如红颜、章姬、甜查理、京藏香、白雪公主、红星、宁丰、宁玉、越丽等。为改进授粉条件，提高产量和质量，每棚可栽2~3个品种。

（1）红颜（彩图8）　日本品种，1999年从日本引入我国。果实长圆锥形，鲜红色，着色一致，富有光泽，外形美观，畸形果少。果个大，属大果型品种。种子黄绿色，较大，陷入果面较深。果肉鲜红色，髓心较小、红色，空洞小，肉质细腻，纤维少，汁液中等多，酸甜适口，香气浓，品质上等。用爱宕PAL-1型测糖仪（图5-1）测得可溶性固形物含量为11.8%，用FHM-1果实硬度计（图5-2）测得果实综合阻力为0.456千克/厘米^2。

该品种植株生长势强，株态较直立。单株抽生花序3~6个，单个花序着花5~9朵，二歧分枝。两性花，白色。匍匐茎抽生能力较强，能二次抽生，繁殖能力强。

采用设施栽培时连续结果能力强、丰产性好，平均株产280.3克以上，亩产2500千克以上。适宜范围较广，耐低温，但耐热、耐湿能力较差，抗白粉病和炭疽病能力较差。

（2）章姬（彩图9）　日本品种，是鲜食加工兼用的优良品种。果实长圆锥形，鲜红色，富有光泽，果面平整，无棱沟，畸形果少。果个大。种子黄绿色、红色兼有，分布均匀，密度中等，凹入果面。果肉浅红色，髓心中等大、白色至橙红色，稍有空洞，肉质细腻，汁液多，香甜适中。可溶性固形物含量为 10.2%，果实综合阻力为 0.377 千克/厘米^2。

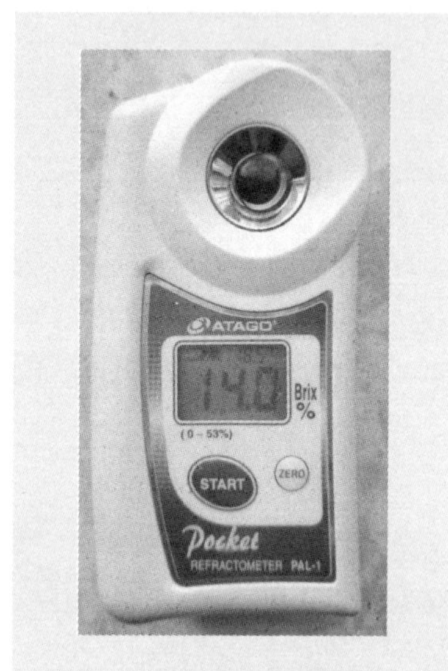

图 5-1 爱宕 PAL-1 型测糖仪

图 5-2 FHM-1 果实硬度计

该品种植株生长势强，株态直立。叶片较大，中间小叶近圆形。单株抽生花序 2～6 个，斜生，低于叶面，花序分枝较高，二歧分枝。两性花，白色，花瓣单层。匍匐茎抽生能力强，单株抽生匍匐茎10～14 根，繁苗容易。

早熟品种，休眠期短，打破休眠需 5℃ 以下低温 40～50 小时。丰产性好，平均株产 330.1 克，亩产 2500 千克以上。对炭疽病抗性中等，易感白粉病。

(3) 桃薰（彩图 10） 日本品种，2012 年育成的白果草莓。果实圆锥形，成熟果实呈白色或浅粉色，一级序果有畸形果，果实个大，一级序果平均果重 40 克以上。果肉白色，肉质细腻，汁液多，有浓郁的黄桃味，品质优良。果实硬度小，耐贮运性稍差。

该品种植株生长势较强，株态直立。叶色深绿，叶片圆形，花序高于叶面，两性花，白色。匍匐茎抽生能力强，繁苗容易。丰产性好，亩产2500千克以上。对炭疽病抗性中等，易感白粉病。

（4）甜查理（彩图11）　美国品种，1999年由北京市林业果树科学研究院从美国引入我国。果实圆锥形，鲜红色，光泽度强，果面平整，果个均匀度好。果实较大，一级序果平均果重31.5克，二级序果平均果重19.2克。种子黄绿色，分布均匀，较稀，平或微凹入果面。果肉橘红色，髓心中等大、橘红色，空洞中等大，肉质细腻，纤维中等多，风味酸甜，香气浓，品质上等。可溶性固形物含量为9.1%，果实综合阻力为0.480千克/厘米^2，耐贮运性好。

该品种植株生长势强，株态较直立。三出复叶，中间小叶近圆形，叶片较大、深绿色。单株抽生花序2~7个，单个花序着花5~10朵，花序较直立，低于叶面，分枝低，二歧分枝。两性花，白色，花瓣单层，匍匐茎发生较多，繁苗容易。

早熟品种，休眠浅。丰产性较好，平均株产300克以上，亩产2500千克以上。抗白粉病，较抗叶斑病。

（5）京藏香（彩图12）　中国品种，由北京市林业果树科学研究院育出。

该品种植株生长势较强，株态半开张，株高平均为12.2厘米；叶椭圆形，平均叶柄长为6.7厘米；花序分歧，两性花。果实圆锥形或楔形，红色，有光泽，一、二级序果平均果重31.9克，可溶性固形物含量为9.4%，果实硬度较大，酸甜适中，香味浓，连续结果能力强，丰产性较强。经该品种选育过程中的栽培发现，京藏香草莓较抗灰霉病，中抗白粉病。

（6）白雪公主（彩图13）　由北京市林业果树科学研究院播种自然实生种子，从中选出的白色大果优系。株型小，生长势中等偏弱，叶绿色，花瓣白色。果实较大，最大果重48克，果实圆锥形或楔形，果面白色，光泽度强。种子红色，平于果面，萼片绿色，着生方式是主贴副离，萼片与髓心连接程度牢固、不易离。果肉白色，果心白色，果实空洞小。可溶性固形物含量为9%～11%，风味独特，抗白粉病能力强。

（7）艳丽（彩图14） 由沈阳农业大学育出。果实圆锥形，果形端正，果面平整，鲜红色，光泽度强。种子黄绿色，平或微凹于果面。果肉橙红色，髓心中等大小、橙红色，有空洞。果实萼片单层，反卷。在日光温室促成栽培或半促成栽培条件下，一级序果平均单果重43克，大果重66克。果实汁液多，风味酸甜，香味浓郁，含可溶性固形物9.5%、总糖7.9%、可滴定酸0.4%、维生素C 0.63毫克/克，果实硬度大，耐贮运。

该品种植株生长势强，株高约20厘米，冠径为28厘米×22厘米。叶片较大，革质平滑，第3片叶中心小叶为7.5厘米×6.6厘米，叶近圆形、深绿色，叶片厚，叶缘锯齿钝，单株着生9～10片叶。二歧聚伞花序，平于或高于叶面，花序梗长约29厘米，花梗长约13厘米。单株花为10朵以上，两性花。抗灰霉病和叶部病害，对白粉病具有中等抗性。

在沈阳地区，若采用日光温室促成栽培，则11月上旬始花，12月下旬果实开始成熟，产量在30吨/公顷以上；若采用日光温室半促成栽培，则1月下旬始花，3月上旬果实开始成熟，产量在37.5吨/公顷以上。

（8）红星（彩图15） 由河北省农林科学院石家庄果树研究所育成。果实圆锥形，稍有果颈，鲜红色，光泽度强，萼下着色良好，果面着色均匀。一级序果重56.5克，二级序果重28.6克。果肉颜色红、质地密，肉质细腻，纤维少，髓心小，实心，液汁中等多，风味甜，香气浓，含可溶性固形物9.6%～11.8%、还原性糖4.25%、可滴定酸0.65%、维生素C 0.44毫克/克。果实综合阻力为0.586千克/厘米^2，耐贮运性好。

该品种植株生长势强，株态半开张。每株花序3～5个，低于叶面，较直立，单个花序着花7～12朵。两性花，花瓣5～6片、单层。

每株抽生匍匐茎20根左右，抽生能力强，能二次抽生，有分枝。根系发达。

在河北省石家庄地区采用促成栽培，8月底9月初定植，10月下旬扣棚保温，12月中旬成熟，果实发育期30天左右，采收期4个月。单株产量为524.5克。抗叶斑病、炭疽病、白粉病、灰霉病、革腐病等。

(9) 宁丰（彩图16） 由江苏省农业科学院园艺研究所育成。果实圆锥形，果色红，光泽度强，外观整齐漂亮，大小均匀一致，果实大小均匀度高于红颜，外观优于丰香。一、二级序果平均果重为22.3克，最大果重47.7克。果肉橙红，可溶性固形物含量为9.2%，风味香甜、浓，口感达到现主栽品种水平。果实硬度大于明宝。

该品种适合促成栽培。在南京地区采用大棚促成栽培，9月上旬定植，第1花序10月中旬始花，11月下旬果实开始成熟。丰产性好。耐热、耐寒性强，抗炭疽病，较抗白粉病，适应能力强，在我国南北方均可栽培。

(10) 宁玉（彩图17） 由江苏省农业科学院园艺研究所育成。果实圆锥形，果个均匀，红色，果面平整，光泽度强。果基无颈、无种子带，种子分布稀且均匀；果肉橙红色，髓心橙色，味甜，香浓，含可溶性固形物10.7%、总糖7.384%、可滴定酸0.518%、维生素C 76.2毫克/100克。果大丰产，一、二级序果平均单果重24.5克，最大果重52.9克。

该品种植株半直立，生长势强，株高12.0~14.0厘米，冠径为26.8厘米×27.2厘米。匍匐茎抽生能力强。叶片绿色，椭圆形，长7.9厘米、宽7.4厘米，叶面粗糙，叶柄长9.3厘米。花冠直径为3.0厘米，雄蕊平于雌蕊，花粉发芽力高，授粉均匀，坐果率高，畸形果少；花房平均长12.9厘米，分歧少、节位低，单个花序着花10~14朵。亩产一般达2212千克。

该品种适合促成栽培。丰产性好。耐热、耐寒，抗白粉病，较抗炭疽病，适应能力强，在我国南北方均可栽培。

（11）越丽（彩图18） 由浙江省农业科学院园艺研究所育成。果实圆锥形，一级序果平均重39.5克。果面平整、红色、光泽度强，髓心浅红色、无空洞。果实甜酸适口，风味浓郁，全年平均可溶性固形物含量达到12.0%，其中2月可溶性固形物含量最高，平均为13.8%，含总糖9.9%、总酸7.08克/千克、维生素C 610毫克/千克。

该品种植株直立，生长势中等，平均株高16.9厘米，冠径适中，平均为33.2厘米。一般抽生1~2个侧枝。匍匐茎抽生能力强。叶片绿色、椭圆形，叶长9.1厘米、宽7.3厘米，叶柄长12.5厘米。花序多为双歧形，低于叶面，第1花序平均着花约10.0朵，花序梗长为16.0厘米。

该品种早熟，在浙江北部采用大棚促成栽培，9月上旬定植，10月25日左右始花，12月初始果，成熟期与主栽品种红颜相仿。

越丽植株生长势较红颜、章姬弱，直立性强，株型紧凑，植株明显小于红颜，适合密植。早熟性好，单株产量不及红颜，但通过密植，产量可达21988千克/公顷，与红颜相当，早期（春节前）产量高，大果比例高，20克以上果约占50%。

经浙江省农业科学院植物保护与微生物研究所田间鉴定，该品种易感炭疽病，中感灰霉病，抗白粉病。

（12）黔莓1号（彩图19） 由贵州省农业科学院园艺研究所杂交育成。果实圆锥形，鲜红色。平均果重26.4克。果肉橙红色，果肉口感好，风味酸甜适口，可溶性固形物含量为9.0%~10%；果实硬度较大，耐贮运性较好。

该品种植株高大健壮，生长势强，叶片大、近圆形、绿色。匍匐茎发生容易。花序连续抽生性好，单个花序着花8~12朵。丰产，亩产2300~2600千克。耐寒性、耐热性及耐旱性较强，抗白粉病、炭疽病能力强，抗灰霉病能力中等。早熟，适合设施栽培。

（13）黔莓2号（彩图20） 由贵州省农业科学院园艺研究所杂交育成。果实短圆锥形，鲜红色，有光泽。一级序果平均果重25.2克，最大果重68.5克。种子分布均匀。果肉橙红色，肉质细腻，果肉韧，香味浓，风味酸甜适中，可溶性固形物含量为10.2%~11.5%。果实硬度较大，耐贮运性较好。

该品种植株高大健壮，生长势强，分蘖性强，叶大、近圆形、黄绿色。匍匐茎发生容易。花序连续抽生性好，粗壮。丰产，亩产2200~2400千克。耐寒性、耐热性及耐旱性较强，抗白粉病、炭疽病能力强，抗灰霉病能力中等。特早熟，露地和设施栽培均可。

2. 秧苗选择

草莓采用促成栽培时采收期早、产量高、花前生育期较短，所以，对秧苗要求更高。其标准是：根系发达，植株健壮，叶柄粗短，叶色绿，具成龄叶片5~7片，新茎粗1.0厘米以上，株高15厘米左右，苗重30克以上。

【注意】

秧苗一定要选择健壮、不徒长、无病虫害的优良种苗。

二、合理施用底肥、规范做垄、铺设滴灌带

8月初平整土地，每亩施入腐熟的优质农家肥（图5-3）5000千克和氮、磷、钾复合肥50千克，或商品有机肥1000千克（图5-4），旋耕深度30厘米。采用南北向深沟高畦（图5-5），畦面宽50~60厘米，畦沟宽30~40厘米、深25~30厘米，南北高畦要求直，畦面要求平整。为防止大水漫灌造成的土壤板结、水资源浪费、病害增加，以及操作方便、减少劳动力，一般采用滴灌（图5-6）的方式进行浇水，种植草莓前铺设滴灌带。

图 5-3　施入腐熟的优质农家肥

图 5-4　商品有机肥

图 5-5　南北向深沟高畦

图 5-6　铺设滴灌带

【注意】

施入的有机肥一定要充分腐熟，否则会产生烧苗现象。

三、掌握定植时间及定植方法

1. 定植时间

促成栽培定植时间宜早，可在顶花序花芽分化后 5 ~ 10 天进行。北京和河北等地在 8 月中下旬至 9 月上旬定植；温暖地区如上海和浙江一带，一般在 9 月中旬至 10 月中旬定植。裸根苗（图 5-7）应早栽，假植苗、带土坨苗（图 5-8）或穴盘苗（图 5-9）可稍晚些。最好选择阴天，如果是晴天，则应在16：00以后定植，或者定植时在设施上加盖遮阳网进行遮阴定植（图5-10）。

图5-7　裸根苗

图5-8　带土坨苗

图5-9　穴盘苗

图5-10　遮阴定植

【注意】

晴天定植时，一定要采取遮阴措施。

2. 定植密度及方法

采用高畦定植，每畦栽2行，株距15～20厘米，行距25～30厘米，每亩栽8000～11000株。定植前按壮苗标准严格选苗，淘汰小苗、病苗，摘除基部病老残叶。育苗圃距离定植地块较近时，最好带土坨定植，取苗前1～2天用水浸湿地面，用定植铲（图5-11）取苗，防止散坨。需从外地购买种苗的种植者，一定要做好定植准备，以地等苗，秧苗运到后，立即在阴凉处摊开，尽快定植。如果采用穴盘苗，则随时可定植。

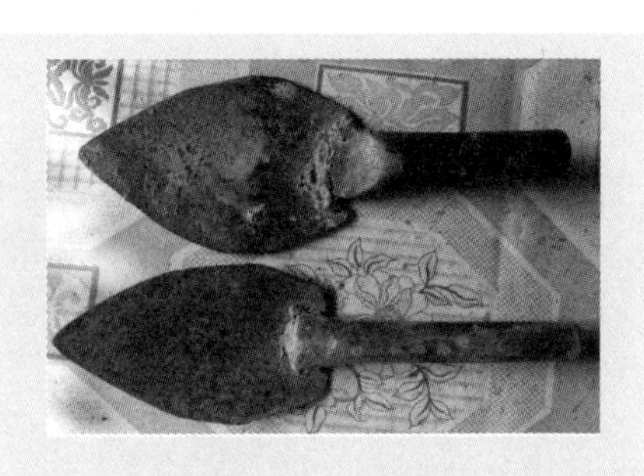

图5-11 定植铲

定植时按照预计的株行距确定好定植位置，然后在栽苗处用定植铲挖穴，穴要适当大一些，以便将秧苗放入其中。对于裸根苗，应使根系在穴中舒展，再填入湿润的细土或基质，用手压实，并轻轻提苗，从而使根系与土壤紧密结合。要随栽苗随浇水，一般通过滴灌的方式供水，第一次水一定要浇透，以促进秧苗成活。经常查看田间的秧苗，如果有土壤或基质淤心（彩图21）的现象，则要及时把苗心周边的土壤或基质清理干净，保证秧苗能正常生长；如果有死苗现象，则及时补苗。

定植时的注意事项：①定植深度，要做到“上不埋心、下不漏根”（图5-12）。定植过浅，会导致根系外漏，影响水分的吸收；定植过深，生长点会被埋入土壤或基质中（图5-13），影响新叶发生，时间过长会引起不发新芽、植株腐烂死亡。②定植方向，应把

草莓茎的弓背朝向畦沟（图 5-14），将来花序会全部朝向垄两侧（图 5-15），这样通风透光好、果实着色好、病虫害少、品质佳、便于采摘。

图 5-12　合适的定植深度

图 5-13　定植过深

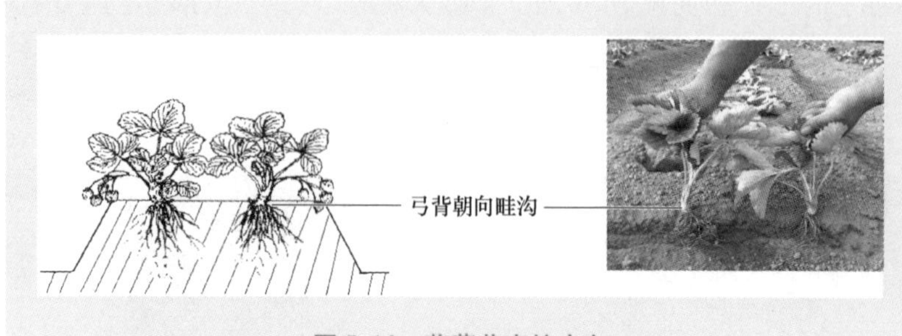

图 5-14 草莓苗定植方向

图 5-15 花序朝向垄两侧

3. 裸根苗在定植前应进行浸根

浸根方法：可选用25%嘧菌酯2500倍液+30%甲霜噁霉灵3000倍液+1.8%阿维菌素1500倍液+0.05%腐殖酸，或25%嘧菌酯悬浮剂10毫升+6.25%精甲霜灵·咯菌腈悬浮剂20毫升+47%春雷·王铜可湿性粉剂30克+56%螯合氨基酸阿速勃根水剂25毫升，兑水16升，浸根5~8分钟。沾了药剂的根部不能脱水，建议边浸边栽，否则容易产生药害。

【注意】

浸根的植株，一定要边浸边栽，不要过长时间放置，并且一定要控制好药物浓度，避免产生药害。

四、定植后至保温前的管理

1. 定植后浇水

边定植边浇水，可提高成活率，浇水可采用滴灌方式。第一次水要浇足，保证根系水分供应。定植后 3 天，每天早晚各浇水 1 次，第 4~7 天，每天傍晚浇水 1 次，以后逐渐减少浇水量，但要保持地面不发白。

2. 缓苗期间的管理

除了浇水，其他任何动作都不要做，包括补苗；缓苗期间不要喷施任何叶面肥，所有肥料或农药对叶面都已有一定的灼伤作用；种植后定植水采用大水沉实法浇透、浸透，表面沉实最好。

3. 缓苗后的管理

及时去除老叶、匍匐茎；浅耕除草；及时查苗、补苗；适时补水（避免中午高温时浇水）；控炭疽病、根腐病，防治蚜虫、蓟马、红蜘蛛等，用药 2~3 次。

4. 定植后死苗原因及防治措施

（1）死苗原因

1）生理性死苗。

① 草莓肥害导致烧苗，主要原因是施用未腐熟有机肥。

② 栽植过深导致死苗。

③ 施用土壤消毒剂未能充分使土壤透气。

2）病菌侵染导致死苗。病菌侵染造成的死苗，可在草莓整个生育期内发生，引起死苗的主要病害有炭疽病和红中柱根腐病等。

3）地下害虫（蛴螬）咬根导致死苗。

（2）防治措施

1）选用无病种苗，最好选用脱毒苗。

2）有机肥一定要完全腐熟。

3）采用化学药剂进行土壤消毒的，一定要充分使土壤散气。

4）药物综合防治，包括药剂蘸根、药剂灌根和叶面喷洒杀菌剂。

五、为避免休眠，应适时扣棚膜保温

适时扣棚膜保温是草莓促成栽培中的关键技术。保温过早，气温高，植株生长旺盛，不利于花芽分化，着果较少，产量降低；保温过迟，植株容易进入休眠状态，生长缓慢，产量降低，成熟期推迟。一般年份，北方寒冷地区扣棚膜保温适期为10月初至10月中下旬，此时外界最低气温降到8℃；南方地区10月下旬至11月初为保温适期。

【提示】

扣棚膜时（图5-16），注意使用新的透光性好的PO（聚烯烃）膜，并且一定要注意正反面，不能扣反。棚膜厚度一般为0.1~0.12毫米，为了增加温室的保温效果，可在温室棚膜外加盖保温被（图5-17）。

图5-16 扣棚膜

图5-17 棚膜外的保温被

六、促进早果、丰产，花前及时控旺

草莓在定植过早、浇水大且多、温度高、氮肥用量大等情况下，会发生旺长现象，具体表现为植株细高，叶片变大、变薄。旺长会抑制草莓的花芽分化，导致草莓开花量少、产量降低，所以应进行控旺措施，主要方法如下。

1. 控氮

施用氮肥过多，会造成植株旺长。在保证草莓正常生长势的情况下，应当控制氮肥的使用量，避免其旺长。

2. 控水

水条件比较充足的情况下，植株容易发生旺长。为预防草莓旺长，应合理浇水。如果草莓在定植后有旺长现象，可以进行适当控水。

3. 控温

对于棚室内种植的草莓，如果白天温度连续超过30℃，并且夜温过高，植株就会发生旺长。因此棚室内温度超过28℃时应及时放风，早期控制夜温不超过13℃，可避免旺长。

4. 喷施磷酸二氢钾等叶面肥

花前可喷施0.2%~0.4%磷酸二氢钾或氨基酸叶面肥或腐殖酸钙镁肥（每亩200毫升）等进行控旺。

5. 及时摘叶

及时摘除植株上的病老残叶，增加通风透光性，可避免植株生长过密产生旺长现象。

6. 药物控旺

花前可结合叶面喷施三唑类杀菌剂进行化学控旺，如43%戊唑醇悬浮剂3000倍液、20%苯醚甲环唑1500~2000倍液。

七、花前及时防治病虫害

1. 农业防治

及时摘除病老残叶，并集中销毁；严控棚室内的温湿度。

2. 物理防治

（1）人工捕杀　对于幼虫体积比较大的害虫，在虫害发生初期，可以采取人工捕杀的方法。这种方法在设施栽培中效果很好。

（2）利用害虫的生活习性进行诱杀　如采用黄板诱杀白粉虱及蚜虫；采用蓝板诱杀蓟马；利用黑光灯诱杀古毒蛾和斜纹夜蛾等害虫。

（3）阻隔　在棚室放风口处安装防虫网，可防治蚜虫。

（4）硫黄熏蒸　可以预防白粉病。

3. 生物防治

（1）以虫治虫　例如，利用捕食螨防治草莓红蜘蛛，利用草蛉和瓢虫防治蚜虫，利用赤眼蜂防治小菜蛾、斜纹夜蛾等鳞翅目害虫幼虫，利用丽蚜小蜂防治白粉虱。

（2）以菌治虫　是指利用病原菌微生物，如细菌、真菌、病毒、线虫等控制虫害的发生。如利用苏云金杆菌（细菌）防治小菜蛾、斜纹夜蛾等鳞翅目害虫，利用白僵菌（真菌）防治蛴螬等地下害虫。

（3）利用昆虫激素治虫　利用雄虫性外激素，可以有效诱杀雌虫，这样既可以杀死成虫，又可以进一步控制害虫繁殖后代。另外，可以利用昆虫内分泌激素，使昆虫变态过程发生紊乱，不能进行正常的生殖活动，从而达到控制害虫的目的。如在老龄幼虫快化蛹时，喷施保幼激素，使幼虫处于蛹和幼虫中间型，不能正常羽化，或虽能羽化成虫，但没有生殖能力。

4. 化学防治

1）用露娜森、翠贝等可防治白粉病。

2）用腐霉利烟熏剂熏蒸可防治灰霉病。

3）喷施咪鲜胺、苯醚甲环唑等可防治炭疽病，使用2～3次。

4）用烟熏剂熏蒸或喷施吡蚜酮、啶虫脒、乙基多杀菌素、噻螨酮等可防治蚜虫、粉虱、蓟马、红蜘蛛等。

【注意】

病虫害的防控工作一般在花前完成，花期、果期一般禁止用药。

八、花前及时覆盖地膜

覆盖地膜，不仅可以减少土壤中水分的蒸发，降低棚室内的空气相对湿度，减少病虫害发生率，而且能够提高土壤温度，促使草莓根系的生长，从而使植株生长健壮，鲜果提早上市。此外，覆盖地膜可以防止土壤对果实的污染，提高果实商品质量。目前，生产中普遍使用黑色地膜和银色地膜，黑色地膜的透光率差，可显著减少杂草的生长；银色地膜具有增加光照、防治蚜虫的作用。一般在扣棚后 7～10 天覆盖地膜，并且在早晨、傍晚或阴天进行。地膜厚度为 0.01～0.015 毫米，宽度根据垄的宽度而定。盖膜后立即破膜提苗（图 5-18），破膜时孔越小越好，地膜展平后，立即浇水。

图 5-18 破膜提苗

【注意】

覆膜过晚，会因植株较大而导致提苗困难，且易折断叶柄，影响植株生长发育。

九、生长期内合理调控棚室内温湿度

扣棚后，草莓生长发育对温度的总要求是前期高些、后期低些，通过放置高低温度计（图 5-19）和温湿度计（图 5-20）来正确控制温室内的温湿度。

图 5-19 高低温度计

图 5-20 温湿度计

（1）保温初期　为防止植株进入休眠矮化状态，促进花芽的发育，棚室内的白天温度应为 28～30℃，超过 30℃时要及时放风；夜间温度为 12～15℃，最低为 8℃。保温初期，外界气温还较高，可暂时不加盖草帘，并随时注意白天放风降温。

（2）现蕾期　棚室内的白天温度为 25～28℃，夜间温度为 10～12℃。夜温不宜过高，超过 13℃，就会导致腋花芽退化，雌、雄蕊发育受阻。

（3）开花期　棚室内的白天温度为 23～25℃，夜间温度为 8～10℃，这样既有利于开花，也有利于授粉受精。若为 30℃以上高温，则花粉发育不良；若为 45℃高温，则会抑制花粉发芽。

（4）果实膨大期　为了促进果实膨大，减少小果率，棚室内的白天温度保持在 20～25℃、夜间温度以 6～8℃为宜。夜温低，有利于养分积累，促进果实肥大。

（5）采果期　棚室内的白天温度保持为 20～23℃，夜间温度为 5～7℃即可。

室温的高低，要通过揭盖草苫和扒开放风口的大小来调节。放风，不仅能够降低棚室中的温度和空气相对湿度，而且能够给棚室中带来新鲜空气，增加棚室中氧气和二氧化碳的含量。给棚室放风时，应尽量先在棚室顶部放风（图5-21），在放顶风不能降低温度的情况下，再在腰部或底部放风（图5-22），有后窗的棚室也可打开后窗进行放风（图5-23）。为了防止湿度过大，应采用无滴棚膜，能避免水滴浸湿草莓柱头和叶片。如果不是无滴膜，水滴浸湿柱头后会产生畸形果，并导致果实发病（彩图22），水滴浸湿叶片后会发生叶部病害（彩图23）。花期湿度控制在40%~50%。

图5-21　温室顶部放风

图5-22　在底部进行放风

图5-23　打开后窗进行放风

十、花期放蜂授粉

采用蜜蜂授粉（图 5-24）是草莓促成栽培提高产量、增加果实商品率、减少无效果比例、降低畸形果数量的重要措施。

图 5-24　蜜蜂授粉

1. 棚室内放入蜜蜂的时间及数量

蜂箱最好在草莓开花前 3 ~5 天的傍晚放入棚室内。将授粉蜂群放置好后，不要马上打开巢门，可进行短时间的幽闭，在第 2 天天亮前待蜂群安定后打开巢门，让蜜蜂试飞、排泄，适应环境。同时补喂花粉和糖浆，刺激蜂王产卵，提高授粉蜜蜂的积极性。棚室内放入蜜蜂的数量，一般以 1 株草莓 1 只蜜蜂的比例为宜（图 5-25），适宜蜜蜂活动的温度为 15 ~25℃。

图 5-25　蜂箱内的蜜蜂

2. 蜂箱摆放的位置

（1）南方的大拱棚　蜂箱应放在大棚的北端，通常放在离门较近的位置，用砖或箱子等将蜂箱垫起，离地面30～50厘米。

（2）北方的日光温室　把蜂箱放在靠近温室的中西部（图5-26），蜂箱应放在草莓垄间的支架上，距地面或栽培床面30～50厘米（图5-27）。蜂箱巢口朝东，因为蜜蜂群体有趋光性，巢口朝东有利于蜜蜂出巢。同时蜜蜂也有向阳性，如果巢口向南，光线照射后，蜂群提前受阳光刺激而从巢口飞起，忽略了透明棚膜的阻隔，猛力撞击棚膜导致飞翔受阻，落地粘泥而死（图5-28）。蜂群放置后不可随意移动巢口方向和蜂群位置，避免蜜蜂迷巢。

图5-26　蜂箱摆在温室（北方）的中西部

图5-27　蜂箱距栽培床面30～50厘米

图5-28　蜜蜂撞击棚膜造成死亡

（3）放蜂期间蜜蜂的管理

1）避免使用毒性较强的杀虫剂，如吡虫啉、毒死蜱等。如果必须施药，应尽量选用生物农药或低毒农药。

2）隔离通风口。在放蜂期间可在棚室底部放风口拉一层窗纱（图 5-29）挡住放风口，避免蜜蜂从放风口飞出去。

图 5-29 在底部放风口拉一层窗纱

3）喂糖浆。棚室内草莓花朵数有限，不能满足蜂群正常发育的需要，所以应在巢内放置糖水比为 2∶1 的糖浆。

4）喂水。在蜂箱前约 1 米的地方放置 1 个碟子，碟子内放水。每隔 2 天换 1 次水，在碟子里面放置一些草秆或小树枝等，供蜜蜂攀附，以防蜜蜂溺水死亡。

5）保温。夜晚棚室内温度较低，蜜蜂结团，外部子脾常常受冻。为此，晚上应在蜂箱上加盖棉被等保温物，使箱内温度相对稳定，保证蜂群能够正常繁殖。

【注意】

棚室内放入蜜蜂后，禁止使用毒性较强的杀虫剂。

十一、合理喷施赤霉素

在草莓促成栽培中，赤霉素处理有促进植株生长、叶柄和花序抽生，打破休眠，防止植株矮化的作用。一般在保温开始以后，植株第 2 片新叶展开时喷施赤霉素，休眠较深的在保温后 3 天即可处理。喷洒浓度和用量因品种而异，但促成栽培主要用休眠浅的品种，如章姬、红颜、甜查理、红星等，只喷1次或不进行喷施，剂量为5～7毫克/升，每株用5毫升，重点喷洒到植株的心叶部位。赤霉素用量不宜过大，否则会导致植株徒长、叶柄长，特别是花序梗抽薹疯长（彩图24）。喷赤霉素时，最好选择高温时间，喷后将室温控制在30℃，这样几天后就可见效。如果用的是休眠浅的品种，在保温后植株生长旺盛，叶肥大而鲜绿，也可不喷赤霉素。

【注意】

应严格控制赤霉素的使用量，避免花序徒长，降低产量。

十二、适时浇水、合理追肥

草莓植株在棚室中生长周期加长，对水分和肥料需要较多，因此要充分地、不断地供给水分和养分，否则会引起植株早衰或得病，从而造成减产、降质。

在生产上判断草莓植株是否缺水，不是只看土壤是否湿润，因为揭起地膜发现地表土湿润，但根系处的土壤水分已经缺乏，会误认为不干旱，最终造成植株萎蔫或干枯，这称为假湿现象。促成栽培更重要的标志是早晨要看植株叶片边缘是否有吐水现象（图5-30），如果叶片没有吐水现象，说明已经干旱，应该灌溉。促成栽培不能采取大水漫灌的灌溉方式，因为大水漫灌容易增大棚室内空气相对湿度，引发病害，同时还会造成土壤升温慢，延迟植株生长发育进程。因此，促成栽培要采用膜下滴灌的方式（图5-31），这样可以使植株根颈部位保持湿润，利于植株生长，而且节约了用水量，还可防止土壤温度过低，减少了水分蒸发，不会增加棚室内相对湿度，减少了病虫害。

【提示】

定植时应浇透水，1周内要勤浇水，覆盖地膜后以“湿而不涝、干而不旱”为浇水原则。

图 5-30 叶缘吐水

图 5-31 膜下滴灌

草莓促成栽培保温后，要进行花芽发育、现蕾、开花、结果。第1花序果实采收结束后，腋花序又抽生并开花结果，植株负担重，缺肥、缺水极易造成植株早衰矮化，追肥至少进行4次。追肥一般采用少量多次的原则，以0.2%～0.4%的液体肥为宜，注意氮、磷、钾的合理搭配，混施腐殖酸、黄腐酸、氨基酸类有机肥。

追肥时期分别为：第1次追肥是在植株顶花序现蕾时，此时追肥主要是促进顶花序生长；第2次追肥是在植株顶花序果实膨大期，此时追肥量可适当加大，施肥种类以磷、钾肥为主，有利于增大果个和提高品质；第3次追肥是在植株顶花序果实采收前期，此次追肥以钾肥为主；第4次追肥是在植株顶花序果实采收后期，以后每隔15～20天追肥1次，每次每亩施氮、磷、钾平衡型水溶肥3～5千克为宜，混施有机肥，并配合浇水。

十三、合理管理植株，减少病害

从定植到采收结束，设施栽培的草莓植株的生长发育时期很长，此期间，植株一直进行着叶片和花茎的更新。为保证草莓植株处于正常的生长发育状态，具有合理的花序数，要经常进行病老残叶的摘除、摘芽、匍匐茎的摘除、花序整理等植株管理工作。

1. 摘除病老残叶

随着时间的推移，草莓植株上的叶片会逐渐发生老化和黄化，呈水平生长状态。叶片是光合作用的器官，但是病叶和黄化老叶制造的光合产物还抵不上自身的消耗，而且叶片衰老时也容易发生病害。因此，在新生叶片逐渐展开时，要定期去掉病叶和老叶（图5-32），以减少草莓植株养分的消耗，改善植株间的通风透光，减少病虫害。

2. 摘芽

促成栽培的草莓植株生长较旺盛，易出现较多侧芽（图5-33），会引起养分分流，减少大果率，降低产量，所以要将多余的侧芽摘除（图5-34）。方法是在顶花序抽生后，每个植株上选留两个方位好且粗壮的侧芽，其余全部摘除，以后再抽生的侧芽也要及时摘除。

图5-32　摘除病老残叶

图5-33　出现较多侧芽

图5-34　及早摘除侧芽

3. 摘除匍匐茎

草莓的匍匐茎和花序是从植株叶腋间长出的分枝，其植物学位置相同，只是发生的时间有先后之别。抽生的匍匐茎及发育的子苗，会大量消耗母株的养分，影响腋花芽分化，从而降低产量，因此在植株的整个发育过程中要及时摘除。

4. 疏花疏果，提高果实品质，增大果个

草莓花序多为二歧聚伞花序或多歧聚伞花序，花序上高级次花分化得较差，所结果实较小，对产量形成的意义不大。因此，要进行花序整理，合理留用果实，一般生产上每个花序留果实 7~10 个，其余高级次花果疏除。此外，结果后的花序要及时去掉，以促进新花序的抽生。

十四、合理补光

设施栽培的草莓主要生长期均在较寒冷的冬季，光照不足是草莓设施栽培中的一个重要问题，既要通过保温使草莓不进入休眠，又要给予长日照条件，人为地阻止草莓进入休眠状态。定期清洗棚膜（图 5-35），可以增加光照，增大透光率；人工补光（图 5-36）也能够促进叶柄生长，防止矮化，有利于果实膨大和着色。因此，人工补光是草莓设施栽培中非常有效的措施。方法是每亩用 100 瓦的白炽灯 25 个，间隔 4 米距离；若用 60 瓦的白炽灯，每亩可安装 35~40 个，间隔 3 米距离，白炽灯距地面 1.5 米即可。若用 50 瓦 LED 植物补光灯，每亩用 8~10 个，可根据生长的不同时期调节蓝光、红蓝光、红光等光波长。

常用的补光方式有 3 种，一是延长光照，即从日落到 22：00，约 5 小时的连续光照；二是中断光照，即从 22：00 至凌晨 2：00 补光 4 小时；三是间歇光照，即从日落到日出，每小时照 10 分钟，停 50 分钟，累计补光约 140 分钟。无论采用哪种方式，均有明显效果，但以间歇光照最经济。补充光照可促进草莓植株生长，果实成熟期提前，明显降低畸形果的数量，但对产量影响不显著。一般而言，早晨照明，对增大果个有效；傍晚照明，叶柄容易伸长。

图 5-35　清洗棚膜

图 5-36　人工补光

十五、施用二氧化碳气肥

由于冬季棚室放风时间较短，室内严重缺乏二氧化碳，使草莓光合作用效率下降，制约了草莓产量的提高。因此，采用二氧化碳施肥，对草莓促成栽培增产、增收意义重大。日出前棚室内二氧化碳浓度最高，揭帘后随着光合作用的逐渐加强，二氧化碳浓度急剧下降，近中午时已经严重亏缺，放帘后又逐渐升高。虽然可以通过通风换气使棚室中的二氧化碳得以补偿，但在寒冷的冬季不可能总采用此种方法，因此人工施用二氧化碳显得尤为重要。

1. 二氧化碳施肥的方法

一是增施有机肥，这是增加棚室内二氧化碳浓度的有效措施，因为土壤微生物在缓慢分解有机肥料的同时会释放大量的二氧化碳气体。二是使用液体二氧化碳，在棚室内直接使用液体二氧化碳，具有清洁卫生、用量易控制等许多优点。三是放置干冰，干冰是固体形态的二氧化碳，将干冰放入水中使之慢慢气化或在地上开 2～3 厘米深的条状沟，放入干冰并覆土，这种方法具有所得二氧化碳气体较纯净、释放量便于控制和使用简单的优点，但成本相对较高，而且干冰不便于贮运。四是化学反应施肥法，主要是强酸与碳酸盐进行化学反应产生的碳酸，在低温条件下分解为二氧化碳和水，生产中推广的主要是稀硫酸和碳铵反应法。目前，吊袋式二氧化碳发生剂（图5-37）和二氧化碳发生器（图5-38）在市场上均有销售。

图5-37　吊袋式二氧化碳发生剂

图5-38　二氧化碳发生器

2. 二氧化碳施肥时期及时间

二氧化碳施肥时期一般在严冬早春及草莓生育初期效果好。生产上一般在开花后1周左右开始施用，可促进叶片制造大量有机物，并运往果实，提高早期产量。二氧化碳最佳施肥时间是9：00～16：00。如果用二氧化碳发生器作为二氧化碳肥源，施肥时间还应适当提前，使棚内揭草苫后30分钟达到所要求的二氧化碳浓度。中午如果要通风，应在通风前30分钟停止施肥。

3. 二氧化碳施肥需注意的事项

一是需要放风降温时，应在放风前0.5～1小时停止施用二氧化碳。二是寒流期、阴雨天和雪天一般不施或降低二氧化碳施用浓度，晴天宜在上午施，阴天宜在中午前后施。三是增施二氧化碳后，草莓生长量大、发育速度快，应增施磷、钾肥，适当控制氮肥用量，防止徒长。四是二氧化碳气肥的施放要自始至终，才能达到持续增产效果，一旦停止施放后，草莓会提前老化，产量显著下降。应采用逐渐降低施放浓度、缩短施放时间，直到停止施放的方法，给草莓适应环境的过程。五是采用化学反应施肥法时用到的硫酸有腐蚀作用，操作时应小心，防止其滴到皮肤、衣物上，如果滴到皮肤上，应及时清洗，涂抹小苏打。

十六、适时采收

促成栽培的草莓主要用于鲜食，一般在九成熟时采摘。采摘时应尽可能选择在清晨或傍晚气温低的时候进行，此时果实不易碰破，气温高时则容易引起腐烂和碰伤。

采摘时应仔细、小心，轻摘、轻拿、轻放，不能随意乱拉乱摘，采摘时用手掌包住果实，向上翻折即可。

果实成熟期间，一般 2 ~ 3 天采收 1 次，将达到采摘标准的果实全部采摘完毕，如果剩下部分未采摘，会造成果实过熟从而失去商品价值，还容易感染灰霉病。

十七、主要病虫害防治

详见第八章　草莓病虫害防治技术的相关内容。

第六章
草莓露地栽培关键技术

露地栽培为传统的草莓栽培方式，是指在田间自然条件下形成花芽、解除休眠、开花结果，不需要特殊的栽培技术和设备，越冬后第2年5～6月收获的一种栽培方式。但生产中常采用的遮雨棚遮雨，地膜覆盖越冬或盖草、粪、树叶等覆盖物防寒等也视为露地栽培。草莓露地栽培管理简单、省工省力、成本低，可进行规模经营，经济效益较高，容易大面积推广。露地栽培的草莓光照充足，果实风味好，较耐贮运，果实除鲜食外主要用于加工。近年来，城郊露地观光采摘草莓备受市民的青睐，效益显著提高。

第一节　露地栽培中存在的主要问题

一、适合露地栽培的品种较少

生产中适合露地栽培的优良品种较少，主要为法国品种达赛莱克特、蜜保，美国品种哈尼，并且这些品种主要用于加工，鲜食品质差。我国研究露地草莓育种的单位极少，主要是河北省农林科学院石家庄果树研究所在近几年育出了一些适合露地栽培的鲜食、加工或鲜食加工用品种，但推广力度小，生产中应用较少。

二、果实成熟期集中，若加工企业跟不上，损失大

露地进行大面积栽培时，上市期较集中，果实耐贮性差，如果加工企业跟不上，易造成损失。因此，大面积发展露地草莓时，应

选在大城市附近或交通便利的地区，以及有加工、冷藏条件的地方。

三、露地栽培容易受到外界不良环境的影响

草莓露地栽培容易受到外界不良环境的影响，越冬时防寒措施不到位，早春花期遇到“倒春寒”、低温和晚霜，果实成熟期遇到冰雹、风雨交加、鸟害等问题，均能造成严重的损失。尤其在花期受到较大的伤害，会严重影响果实的正常发育，造成不确定的大幅度减产。

四、草莓露地栽培效益相对较低，且生产成本不断增加

草莓露地栽培与设施栽培相比，产量低、价格低，导致经济效益相对较低。同时草莓植株矮小、多为地面种植，再加上生产量大、管理技术要求高，属于劳动密集型行业，在劳动力成本日益上涨的现在，需要采用劳动节约型栽培技术。在发达国家，尤其是美国，草莓生产的大多数环节采用专业机械操作，但在我国只有部分环节实现了机械化，如开沟、施肥、灌溉等，多数环节还是人工操作，如定植、疏花疏果、采收等，果实大量成熟时有时会出现抢雇劳动力的情况。部分种植大户种植草莓的收益可观，欲扩大种植规模，但因用工贵、雇佣不到更多劳动力而放弃，这在一定程度上严重制约了草莓产量的增加。

五、产品加工比例低、产业链短，冷链运输体系不健全

我国草莓的消费90%以上为鲜食，加工比例仅为10%，化妆品和药品等深加工产品几乎没有。与发达国家相比，我国草莓加工业的产业链较短，国内消费以初级鲜果为主，出口以冷冻草莓为主，出口产品结构单一，深加工产品少。具体来看，草莓加工业上游生产种植水平发展较快，但整体水平较低；行业中游已有果酱、果酒、罐头等加工品，但深加工产品少，保鲜技术运用不足，质量标准不统一；在高附加值、高技术含量产品延伸方面，如草莓化妆品、草莓药品等领

域，与发达国家相比存在较大的差距。此外，草莓果实易腐、不耐运输，需要全程冷链运输，普通运输方式既影响了草莓的保鲜效果，也限制了运输距离。

六、安全检测技术落后，国内标准低于国际标准

国内的水果安全检测设备和手段较为落后，检测标准尚未与国际标准接轨。国外许多国家尤其发达国家的水果检测标准更加严格，一旦发现被检测项目不符合标准，就会禁止该产品进入其市场。此外，许多国家特别重视水果产品的标准体系建设，在标准确立之后会依据产品的产地、果形、大小、色泽、风味等进行分类、分级、包装和贴标签，而目前我国草莓生产尚没有明确的标准体系建设，这在一定程度上严重制约了我国草莓的出口。

第二节　提高露地栽培效益的方法

一、园地选择及整地做畦

草莓园应选择地势较高、土地平整、有浇水条件、富含有机质、保水力强、通透性好的砂壤土为好，土壤酸碱度以弱酸性或中性土壤（pH 为 6.5 ~7.0）为宜。同时草莓园应选择与草莓无共同病虫害的前茬作物，前茬作物一般以豆类、瓜类、小麦、玉米和油菜较好，还要注意前茬作物的唑类农药及除草剂的残留。

种植草莓前先整地，主要是清除杂草杂物（图 6-1）、施肥、耕翻（图 6-2）、做畦、起垄。园地耕翻前要施足底肥，以腐熟有机肥为主（图 6-3），适量配合其他肥料。一般每亩施优质农家肥 5000 千克，过磷酸钙 40 千克，氮、磷、钾复合肥 50 千克，如果土壤缺素明显，还应进行相应的补充。底肥要全园均匀撒施（图 6-4），翻耕后与土壤充分混匀。

图 6-1 清除杂草杂物

图 6-2 耕翻土地

图 6-3 腐熟有机肥

图 6-4 底肥全园均匀撒施

耕翻深度一般以 30 厘米左右为宜，然后做畦。草莓栽培常用的有平畦（图 6-5）和高垄（图 6-6）两种，生产中多采用高垄栽培。高垄栽培一般垄长 15 米左右，南北向高垄，垄高 20 ~ 40 厘米，垄面宽 50 ~ 60 厘米，垄沟宽 30 ~ 40 厘米，种植面积大的地块，可采用机械起垄（图 6-7）；小面积种植的，可采用人工起垄（图 6-8）。可根据地理位置的不同确定垄的高低及垄面宽窄。如果用于观光采摘园，垄沟要适当宽些。高垄栽培的优点是土壤通气性增加，草莓果实挂在垄两侧，通风好，光照充足，着色好，病虫害少，不易烂果，还有利于覆盖地膜和垫果，提高地膜覆盖的增温效果，提升果实品质。整地起垄后，应适当镇压（图 6-9）或灌 1 次小水（图 6-10），使土壤沉实，以免栽后浇水使秧苗下陷，导致泥土淤苗，或土表出现空洞造成露根。

图 6-5　平畦栽培

图 6-6　高垄栽培

图 6-7　机械起垄

图 6-8　人工起垄

图 6-9　耙平镇压垄面

图 6-10　垄面上滴灌浇水

二、品种及秧苗选择

1. 品种选择

在北方寒冷地区，露地栽培的草莓应选择休眠期中长或长、抗寒性强、结果期集中、果实成熟较一致的优良品种；南方应选择休眠浅、耐高温、抗病性强的优良品种。如果以鲜食为主，应选择果实个大、丰产性好、甜度高、香味浓、品质优、抗病性强的品种；若以加工为主，则应选用产量高、果个中等偏小且均匀整齐、果实周正、果肉红色或深红色、风味浓、易脱萼、抗病性强、耐贮运等加工性状优良的草莓品种。

（1）全明星（彩图 25） 美国品种，1980 年由沈阳农业大学园艺系从美国引入我国。果实圆锥形，鲜红色，着色均匀，光泽度强，果面平，果个较均匀，稍有果颈，畸形果少，无裂果。果实个大，一级序果平均果重 34.8 克，二级序果平均果重 20.4 克，最大果重 51.9 克。种子红、黄、绿色兼有，陷入果面较浅。萼片单层，翻卷或平贴，中等大小。果肉橘黄色，髓心大、红色，空洞大，肉质细，纤维少，果汁多、橙红色，风味甜酸，有香气，可溶性固形物含量为 7.8%。果实综合阻力为 0.498 千克/厘米^2，耐贮运性好。果实适合加工。

该品种植株生长势强，株态较直立，叶片中大，中间小叶椭圆形，深绿色。单株抽生花序 2～4 个，花序斜生，低于叶面，分枝较高，二歧分枝。匍匐茎抽生能力强，能二次抽生，繁苗率高。丰产性好，亩产达 2500 千克以上。抗性强，栽培范围广，耐高温、高湿，对枯萎病、白粉病、红中柱根腐病有较强抗性。中晚熟品种，打破休眠需 5℃以下低温 500～600 小时，是露地和半促成栽培品种。

（2）哈尼（彩图 26） 美国育成，1983 年由沈阳农业大学园艺系从美国引入我国。果实圆锥形至楔形，红色至深红色，光泽度较强，果面较平整，少有棱沟，果尖部不易着色，常为黄绿色，果实无颈或略有果颈。果实较大，一级序果平均果重14.7克，二级序果平均果重13.2克，最大果重45.0克。种子红、黄、绿色兼有，凸出果面。萼片较小，平展或翻卷，除萼较难。果肉浅红色，髓心中等大小、浅红色，空洞小，肉质细韧，汁液多、红色，味偏酸，有香气，品质中，可溶性固形物含量为8.4%。果实综合阻力为0.387千克/厘米^2，果皮较厚，质地韧。鲜食加工兼用品种。

该品种植株生长势较强，株态较直立，三出复叶，中间小叶长圆形。单株抽生花序2~4个，花序斜生，低于叶面，分枝高，二歧分枝。匍匐茎抽生能力强，繁殖系数较大。丰产性好，亩产达2000千克以上。对灰霉病、白粉病、叶斑病、凋萎病抗性强，对黄萎病、红中柱根腐病抗性弱，为露地栽培品种。

（3）密保（彩图27） 法国品种，1997年由石家庄金百瑞进出口有限责任公司从法国ATYS公司的韩国分公司引入我国。果实圆锥形，深红色，富有蜡质光泽，均匀整齐，果色均匀度好，外观品质优良。果实个大，一级序果平均果重30.8克，二级序果平均果重23.2克，最大果重68.6克。种子黄色，陷入果面较深。萼片单层，平贴或翻卷，萼片大，去萼较易。果肉深红色，髓心大、红色，空洞中等大小，肉质细脆，纤维少，汁液中多，有香气，风味酸甜，可溶性固形物含量为9.0%。果实综合阻力为0.460千克/厘米^2，耐贮运。果实适合鲜食和加工。

该品种植株生长势强，株态直立，三出复叶，中间小叶近圆形，深绿色。单株抽生花序1~4个，花序较直立，平或低于叶面，分枝低或高，二歧分枝。匍匐茎抽生能力较强，能二次抽生，繁苗易。丰产性好，亩产达2500千克以上。抗白粉病、灰霉病及叶斑病。中早熟品种，休眠期较长，打破休眠需5℃以下低温500~600小时，适合露地和半促成栽培。

（4）石莓9号（彩图28） 由河北省农林科学院石家庄果树研究所育出。果实圆锥形，鲜红色，果面着色均匀，光泽度强，果实萼片平贴或稍离，萼心稍平，去萼较易。一、二级序果平均果重分别为48.2克和24.7克。果肉颜色红至深红，质地密。果实风味酸甜，香气浓，含可溶性固形物8.9%、还原性糖3.15%、可滴定酸0.6%、维生素C 0.47毫克/克。果实综合阻力为0.520千克/厘米^2，硬度大，耐贮运性好。

该品种在石家庄地区露地栽培植株长势强，株态直立，株高27.0厘米，冠径为37.2厘米×33.8厘米。叶片纵横径为9.3厘米×8.1厘米，叶片浅绿色，叶柄长18.2厘米、粗0.352厘米。花序低于叶面，两性花，白色，花瓣6~8片，花冠直径为4.2厘米，花萼单层，萼片中等大，萼片直径为5.180厘米，翻卷，花梗长6.0厘米左右、粗0.270厘米，花梗茸毛多、中粗、硬。匍匐茎颜色红绿，节间长21.0厘米、粗0.232厘米，茸毛中多、粗、较硬，每株抽生匍匐茎35根左右。根系发达，定植成活率高。平均每株抽生花序4~6个，果个均匀，平均单株产量为469.6克。

（5）石莓10号（彩图29） 由河北省农林科学院石家庄果树研究所育出。果实圆锥形，无裂果，果面深红色，光泽度强，萼下着色良好，果面着色均匀，萼片平贴，萼心平，去萼容易。一、二级序果平均果重分别为26.0克和14.7克，整株平均单果重9.0克，同一级序果均匀整齐。果肉颜色深红，质地密，肉质细腻，纤维少，髓心小，无空洞，果汁中多。果实风味偏酸，香气浓，含可溶性固形物8.6%、还原性糖3.44%、可滴定酸0.9%、维生素C 0.49毫克/克。果实综合阻力为0.557千克/厘米^2，硬度大，耐贮运性好，适合单体速冻加工。

该品种植株生长势强，株态半开张，株高24.0厘米，冠径为35.8厘米×34.4厘米。分枝多，三、四、五出复叶。每株平均抽生花序5~8个，单株产量为492.4克。在石家庄地区采用露地覆膜栽培，2月下旬或3月上旬萌芽，3月下旬现蕾，4月上旬开花，5月初果实成熟，5月底6月初为采收末期，果实发育期为28天左右。匍匐茎4月中旬发生。抗叶斑病、革腐病、灰霉病、黑霉病、炭疽病、终极腐霉病等。

（6）达赛莱克特（彩图 30） 法国品种，20 世纪 90 年代后期由河北省保定市草莓研究所引入我国。果实圆锥形，鲜红至深红色，光泽度强，果实均匀整齐，果色均匀度好，外观漂亮。果实个大，一级序果平均果重 32. 1 克，二级序果平均果重 20. 3 克，最大果重 65. 1 克。种子红、黄、绿兼有，陷入果面较深。萼片单层、大，去萼容易。果肉全红色，髓心大、红色，空洞大，汁液中多，香气较浓，风味酸甜，品质中上，可溶性固形物含量为 8. 5%。果实综合阻力为 0. 447 千克/厘米^2，硬度大，耐贮运性好，适合鲜食或加工。

该品种植株生长势强，株态较直立，叶片中大，中间小叶椭圆形，叶绿色。单株抽生花序 1 ~ 5 个，花序斜生，低于或平于叶面，分枝高，二歧分枝。匍匐茎抽生能力较强，繁苗较易。丰产性好，连续结果能力强，亩产达 3000 千克以上。抗白粉病、叶斑病、灰霉病，对红蜘蛛抗性较差。中早熟品种，休眠期较长，打破休眠需 5℃以下低温 500 小时左右，适合露地和半促成栽培。

2. 秧苗选择

露地栽培要选择植株完整，无病虫害，具有 4 片以上发育正常的叶片，叶色鲜绿，新茎粗在 1 厘米以上，叶柄粗壮而不徒长，根系发达（图 6-11），有较多白色或乳白色须根，根长在 5 厘米以上，单株鲜重在 20 克以上，中心芽饱满，顶花芽分化完成的优质壮苗（图 6-12）。

三、栽植时期及栽植密度

草莓露地栽培采用一年一栽制，于秋季栽植。通常北方定植早、南方定植晚，沈阳及其以北地区 8 月上中旬栽植，河北、山东及山西等地在 8 月中下旬栽植，浙江及广东地区适宜栽植期为 10 月上中旬。具体栽植期还要看草莓苗的质量，弱苗可早栽，壮苗可晚栽。同时还要根据当地的天气预报确定栽植时间，最好选择在阴天或晴天的傍晚栽苗，因为这些时段气温低、湿度大、蒸发量小，有利于草莓苗成活。

图6-11 根系发达的植株

图6-12 优质壮苗

草莓苗的栽植密度主要取决于栽培方式、品种习性、秧苗质量、管理水平及地势地力等因素。露地栽培较设施栽培密度小些，高垄栽培，垄面宽50~60厘米，沟宽30~40厘米，垄面上定植2行，株距15~20厘米，小行距20~30厘米，大行距60~70厘米，每亩定植600~800株。生长势强旺、秧苗质量好、管理水平高、地力好的可以适当稀植，反之可以适当密植。

【提示】

作为鲜食用的地块，栽培密度要适当稀点，最好在阴天或16：00以后栽植。

四、栽植方法及定植方向

栽苗时，先按株行距确定位置，用定植铲在栽苗处插入开穴，将穴土扒至穴后，手提秧苗，按穴前地表与苗的新茎顶部相平放入穴中，以露出心芽为准。然后将根舒展置于穴内，填入细土至满穴，并轻轻提一下苗，使根系和土壤密接，再填土找平，压实即可。遵照“上不埋心、下不露根”的定植原则，过深或过浅都会影响成活率。定植后立即浇1次透水，如果发现露根或淤心的植株，应立即补土埋

根、扒土露心或重新栽植。

草莓的花序从新茎上伸出有一定规律，通常植株新茎略呈弓形（图 6-13），而花序是从弓背方向伸出的。为了通风透光、提高果实品质，以及方便垫果、采果等作业，应使每株抽出的花序朝向同一方向，即栽苗时应将新茎的弓背朝向固定的方向。平畦栽植时，边行植株花序方向应朝向畦里，以防花序伸到畦埂上影响作业。畦内行花序朝向一个方向，便于用竹签、挡隔板或拉绳将花序与叶分开，从而有利于花朵授粉，减少畸形果，同时有利于果实着色。高畦栽培时，草莓弓背要朝向高垄外侧（图 6-14），这样能使草莓结果时果实挂在高垄两边（图 6-15），有利于阳光照射和通风，减少果实表面湿度，改善果实品质并减轻病虫害，减少病果率。

图 6-13　植株新茎弓形

图 6-14　弓背朝向高垄外侧

图 6-15　果实挂在高垄两边

【提示】

定植时一定要注意植株弓背方向应朝沟，并且不能埋心。

五、肥水管理及中耕除草

1. 追肥

草莓植株不耐肥，易发生盐害，追肥一般采用少量多次的原则，以0.2%~0.4%的液体肥为宜，注意氮、磷、钾的合理搭配，混施腐殖酸、黄腐酸、氨基酸类有机肥。

（1）根部施肥 整个生长过程中植株吸肥大体上可分为4个阶段。第1个阶段是从定植到完成自然休眠。定植缓苗后整个植株生长仍较旺盛，随着气温的下降要进行花芽分化，这时定植前的基肥被大量消耗，因此，第1次追肥在花芽分化后，以氮、磷、钾平衡肥为主，混施有机肥。第2个阶段是自然休眠解除后到植株现蕾期，此时追肥可促进顶花序生长，以高磷型水溶性肥料为主，混施有机肥。第3个阶段是在一级序果膨大前施入，施肥种类以高磷、高钾为主，混施有机肥，有利于增大果个和提高品质。第4个阶段是盛果期，即第二、第三级序果膨大与成熟期。随着大量果实的膨大与成熟，氮的吸收量开始下降，磷、钾的吸收量开始增加，其中钾的吸收量达到最高，此时施肥以磷、钾肥为主，混施有机肥，以提高果实品质，促进植株健壮，防止植株衰弱。

【提示】

草莓追肥的方法，可在植株两侧撒施；也可以在离根部20厘米处开沟（图6-16），一般每亩施肥10~15千克；或采用打孔灌入液体肥的方法；或通过滴灌施入，施肥量一般控制在每亩3~5千克。

（2）叶面喷肥 由于草莓根系浅，耐肥力差，常因追肥不当而出现烧根死苗现象，所以，常采用叶面喷肥（图6-17）的方法进行追肥，这是草莓园肥水管理的重要措施。草莓的叶片具有较强的吸肥能力，叶面喷肥，不仅节约肥料，而且发挥肥效快。一般前期以喷施尿素为主，花前可喷施磷酸二氢钾和硼砂，还可根据当地的土壤情况选用微量元素肥。花前叶面喷施 0.3% 磷酸二氢钾 2～3 次，可增加单果重，改善果实品质，使坐果率提高 8%～19%。叶面喷肥，宜在傍晚叶片潮湿时进行，并以喷叶背面为主。

图 6-16 开沟施肥

2. 浇水

草莓是需要水分较多的植物，对水分要求较高，1 株草莓，在整个生育期中大约需水 15 升，但不同生育期对土壤水分的要求不一样。

图 6-17 叶面喷肥

（1）定植后浇水 秋季定植期气温较高、地面蒸腾量大，新栽的幼苗新根尚未大量形成，吸水能力差，如果浇水不足，容易引起死苗。可采用滴灌、沟灌和喷灌方式进行。

（2）灌封冻水 越冬前要灌 1 次封冻水，一般在土壤封冻前进行，一定要灌足灌透。封冻水既能提高植株越冬能力，也能促进植株第 2 年春季的生长。

（3）早春灌水 早春去掉覆盖物后地温较低，不宜灌水太早，以免引起地温明显下降，影响草莓根系恢复生长和地上部萌芽，可浅耕以增温保墒，萌芽水一般推迟至现蕾期为宜。

（4）花果期灌水 进入花期后，随着开花坐果，植株需水量越来越多，要掌握小水勤浇、保持土壤湿润的原则。自果实增大到成熟期，在保证土壤湿润的情况下，不宜大水漫灌，要适当控水，应在每次采果后的傍晚浇小水，浇水量以浇后短时渗入土中，畦面不存水为原则。如果浇水太多，在气温较高的情况下，易染灰霉病，导致果实腐烂。有条件的地方采用滴灌，可增加15%~20%好果率，还可节省30%灌水量。另外，每次施肥都要结合灌水，而浇水要结合中耕除草。

（5）及时排除雨水 草莓既喜水又怕涝，植株在水中浸泡时间过长，叶片会变黄，甚至死苗，所以在草莓园周围要建好排水系统，大雨过后要及时排除积水。

3. 中耕除草

草莓属多年生草本植物，根系浅，喜湿润、疏松的土壤。中耕有利于土壤通气和增加土壤微生物的活动，加快有机物分解，促进根系和地上部生长，还可以消灭杂草（图6-18），减少病虫害。中耕次数和时间因草莓园的具体情况而定，杂草少、土壤疏松的新草莓园，每年中耕5~6次即可，以做到园地清洁、不见杂草、排灌畅通、土壤疏松为准。中耕深度以不伤根、又能除草松土为原则，一般3~4厘米为宜。

图6-18 中耕除草

六、植株管理

草莓在生长过程中的管理十分重要，通常包括摘除匍匐茎、疏花疏果、垫果、摘除病老残叶等。

1. 摘除匍匐茎

匍匐茎是草莓的营养繁殖器官，发生匍匐茎，会消耗母株大量的养分，削弱母株的生长势，影响花芽分化，降低产量和植株的越冬能力。以收获果实为目的的生产园，应随时摘除匍匐茎（图6-19）。

图6-19　摘除匍匐茎

2. 疏花疏果

草莓一般每株有2～5个花序，每个花序有7～15朵花。草莓的花序多为二歧聚伞花序。高级次花很小且多数不能开放，叫无效花，即使开花也较晚且结果太小，无经济价值，称为无效果。因此，在现蕾期及早疏去高级次小花蕾（图6-20），或疏除株丛下部抽生的弱花序，可节省养分、增大果个、促进成熟、促使采收期集中，还可以防止植株早衰。一般每个花序上保留1～3级花果

图6-20　疏花疏果

即可。

3. 垫果

草莓坐果后，随着果实的生长，果穗下垂，果实与地面接触，施肥、浇水均易污染果面，不仅极易感染病害，引起腐烂，同时还影响着色和成熟。因此，对未采用地膜覆盖的草莓园，应在开花后 2 ~ 3 周，用麦秸、稻草、木屑等垫于果实下面（图 6-21）。垫果有利于提高果实商品价值，对防治灰霉病、草莓疫霉果腐病也有一定效果。

图 6-21 垫果

4. 摘除病老残叶、病果

草莓植株在一年中新老叶片更新频繁，在生长季节，当植株下部叶片呈水平着生，并开始变黄枯时，应及时从叶柄基部摘除（图 6-22）。对于越冬老叶，常有病原菌寄生，待长出新叶后应及早除去，以利于通风透光，加速植株生长。发现病叶也应及时摘除。摘除的病老残叶不要丢在草

图 6-22 摘除病老残叶

莓园里（图6-23），应收集在一起烧毁或深埋，以减少病原菌的传播。生长过程中发现的病果也应及时摘除（图6-24），防止病害的蔓延。

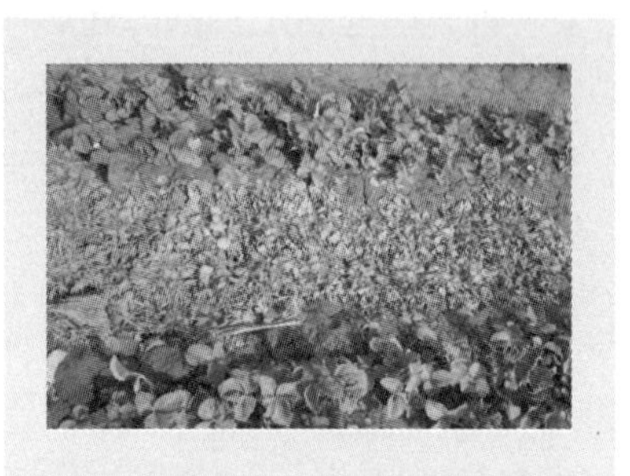
图6-23　田里丢弃的病老残叶

图6-24　摘除病果

【注意】

摘除的匍匐茎、病老残叶、病果等及时带出田外，统一销毁。

七、病虫害防治

草莓露地栽培，病虫害发生种类较多，但由于园内通风透光条件好，不像设施栽培那样容易发病。草莓露地栽培主要有褐色轮斑病、“V”型褐斑病、蛇眼病等叶部病害，炭疽病、枯萎病等植株病害，灰霉病、革腐病等以侵染果实为主的病害；主要虫害有蚜虫、红蜘蛛、白粉虱、金龟子、卷叶蛾等地上虫害和地老虎、蛴螬、蝼蛄等地下虫害。这些病虫害的发生规律及防治方法详见第八章　草莓病虫害防治技术的相关内容。

八、越冬防寒、撤除防寒物及春季防晚霜

1. 越冬防寒

草莓生长至深秋，便逐渐进入休眠（图6-25），叶柄变短、叶片变小、植株平长，以抵御低温的到来，同时方便了防寒物的覆盖。虽

然草莓根系能耐 -8℃的地温和短时间 -10℃低温，但在我国北方，因冬季寒冷多风、干旱少雪，草莓一般不能在露地安全越冬，必须进行覆盖防寒。越冬覆盖时间，一般华北地区在 11 月中下旬进行，偏北地区应稍早些，偏南地区可稍晚些。此时草莓植株经过了几次霜冻的低温锻炼，土壤处在“昼消夜冻”状态。覆盖地膜不宜过早或过晚，如果覆盖太早，气温偏高，会造成烂苗；覆盖太晚，会发生冻害，而且土壤上冻会导致无法取土进行覆盖。在覆盖防寒物前，先灌 1 次封冻水，此次水要灌足灌透。

图 6-25　草莓休眠状态

覆盖材料以塑料地膜为主，寒冷地区可用各种作物秸秆、树叶、腐熟的马粪、细碎的圈肥土等。如果用土覆盖，最好先覆盖一层 3 ~ 5 厘米厚的草或秸秆，然后再覆土，一来春季撤土方便，同时可避免春季撤土时损伤植株。覆盖材料尽量不用带有种子的杂草，否则会带来草荒。采用地膜覆盖时，平畦覆盖（图 6-26）的膜宽及膜长因畦的宽长及地块情况而定，盖前将地膜平铺畦面，四周用土压严压紧，畦面宽时，膜上用散放小土堆压住，防止大风刮坏地膜。高垄覆盖（图 6-27）时畦面呈垄状，地膜覆盖于垄面上，根据膜宽在垄沟内压土。地膜覆盖不但能使草莓安全越冬、保墒增

图 6-26　平畦地膜覆盖

温，而且能使越冬苗的绿叶面积达80%以上，春季温度一回升，叶片就可继续生长，制造养分，能使果实早熟7～10天，增产20%左右。

图6-27　高垄地膜覆盖

【提示】

覆盖越冬地膜（白色）一般掌握在“昼消夜冻”时进行，对于有滴灌设施的地块，可先覆盖地膜，地膜厚度为0.01毫米即可。

2. 撤除防寒物（图6-28）

在第2年春季开始化冻后分两次撤除覆盖物，第1次可在平均温度高于0℃时进行，撤除上层已解冻的覆盖物，以便阳光照射，提高地温，也有利于下层覆盖物的迅速解冻。第2次可在植株地上部分即将萌芽时进行，太晚撤除防寒物，易损伤新叶。覆盖物全部撤完后，将地里的枯枝烂叶清除干净，集中烧毁或深埋，以减少病虫害。覆盖地膜越冬的地块，撤膜时间根据早春气候条件而定，温度回升得快，要适当早些；温度回升得慢，要适当晚些。撤膜过早，气温及地温较低，植株返青较慢，开花结果较晚，成熟期晚；撤膜过晚，会造成徒长，且膜下开花造成授粉不良，影响产量。撤膜后及时中耕松土，提高地温并保墒，可促进植株生长发育。在石家庄地区冬天不覆盖地膜，植株也能越冬成活，但是成熟期和产量与地膜覆盖的相差很大（图 6-29）。

图 6-28 早春撤除地上防寒物

图 6-29 覆盖地膜与未覆盖地膜的对比

3. 防春季晚霜危害（图 6-30）

春季草莓开始萌芽生长后，对低温非常敏感，在 -1℃时植株受害轻，-3℃时受害较重。幼叶受冻后，叶尖与叶缘变黄，严重时茎叶变红。正在开放的花朵如果遇到低温，花瓣会变红（彩图 31）；受冻轻时，只有部分雌蕊受冻变褐（彩图 32），形成畸形果；受冻严重时，雌蕊变黑（彩图 33），不能发育成果实。幼果受冻呈水渍状且停止发育。由于早开的花结大果，霜冻往往引起早期大型果损失严重，进而影响产量。

图 6-30 早春大雪危害

【提示】

在晚霜发生频繁的地区，为了避免晚霜危害，尽量不种早熟品种，可栽植抗晚霜品种或中、晚熟品种。早春延迟去掉覆盖物，以免植株返青生长早而受到霜冻危害。另外，可根据天气预报，在有寒流时，用塑料薄膜、草帘或其他覆盖物进行临时覆盖；或在上风口处点火熏烟；有喷灌条件的地方，还可以进行喷灌，以防霜冻。

第七章
草莓基质栽培技术

第一节 基质栽培中存在的主要问题

基质栽培，是草莓无土栽培中应用面积最大的一种栽培方式，具有节水、节能、省工、省肥、减少环境污染、防止连作障碍、产品无污染及高产高效等诸多优点，应用范围和栽培面积也在不断扩大。其主要模式有大槽式有机生态型无土栽培、塑料槽式基质栽培、箱式基质栽培、袋式基质栽培、垄式基质栽培、沙培等。但在生产中基质栽培也存在一些问题，主要表现在以下几个方面。

一、缺乏规范化栽培基质

目前，国内没有统一的栽培基质标准，有机基质来源及其处理方法未实现标准化和商品化生产，基质理化性状不稳定，栽培效果不稳定，经常出现 EC 值（可溶性盐浓度）偏高问题，对草莓植株产生危害。因此基质的规范化和标准化是基质栽培成功的关键。

二、基质的重复利用和无害化处理缺乏规范化技术

由于基质在使用过程中，积累了大量残留的根系残留物和盐分，造成连作障碍。基质再次使用时需要进行清洗和消毒处理，而不同的消毒方式（蒸汽消毒、化学药剂消毒和太阳能消毒等）对基质的理化性质影响不同，因此探究合理的基质处理方式是基质再利用的首要前提，但是目前生产中基质的消毒处理没有形成一套完整的规范化技

术体系。

三、水肥浪费问题

我国的基质栽培相对比较落后，很多种植者的基质栽培采用滴灌非循环供液方式，多余的水肥不能回收利用，浪费较多，还污染了土壤和地下水。

四、滴灌堵塞，供液不均匀

现阶段我国的基质栽培供肥水的方式主要是通过滴灌，由于水质或肥料的问题，滴灌设施容易出现物理及化学堵塞现象，导致供液不均匀、不均衡，从而出现草莓植株生长不整齐及死苗现象。

五、裸根苗容易埋心问题

基质栽培过程中，由于基质处理不当、浇水方式不对、裸根种苗质量差等原因，经常出现基质埋心问题，并且种植者不注意及时处理淤心的植株，导致心叶腐烂，不能正常生长，从而出现植株死亡的问题。

六、肥害严重的问题

有些种植者采用的基质栽培槽或其他种植容器，由于底部排水性差，经常出现植株烂根、肥害或盐害等现象，严重的甚至导致植株死亡。还有些种植者盲目加大用肥量，导致植株水分代谢出现问题，当水分吸收发生障碍时，叶片会出现无光泽、灰暗、色泽变深，叶缘变干，早晨叶缘不吐水等现象。

七、裸根苗带土移栽，根系生长困难问题

有些种植者定植时采用裸根苗，由于根系带有大量的泥土，若不去除会使根系与栽培基质的亲和性变差，从而导致根系生长困难，植株生长缓慢。因此定植裸根苗时，一定要注意把根系周边的泥土用清水冲洗干净。

第二节 提高基质栽培效益的方法

一、多种栽培模式

根据需要，草莓基质栽培可选用地面砌槽栽培（图7-1）、草莓专用槽栽培（图7-2）、分层A字形槽式栽培（图7-3）、立柱式栽培（图7-4）、吊袋式栽培（图7-5）、袋培（图7-6）及盆栽（图7-7）等形式。

图7-1 地面砌槽栽培

图7-2 草莓专用槽栽培

图7-3 分层A字形槽式栽培

图 7-4　立柱式栽培

图 7-5　吊袋式栽培

图 7-6　袋培

图 7-7　盆栽

二、常用的栽培基质

1. 栽培基质的种类

用于种植草莓的基质包括有机基质和无机基质两类。有机基质主要包括草炭、椰糠、棉籽壳、锯末、树皮、刨花、稻壳、蔗渣等；无机基质的种类也有很多，包括蛭石、珍珠岩、沙、砾、陶粒、炉渣等颗粒基质，聚乙烯、聚丙烯、脲醛等泡沫基质及岩棉等纤维基质。

2. 栽培基质的选择

草莓的栽培基质由无机基质和有机基质混合而成，应疏松透气、蓄水力强、无病虫害。生产上常用的基质配方如下。

① 草炭、蛭石的比例为 3∶1。

② 草炭、蛭石、珍珠岩的比例为4∶1∶1。

③ 草炭、锯末（或废棉籽皮）、蛭石（或珍珠岩）的比例为1∶1∶1。

④ 草炭、蛭石的比例为2∶1。

【提示】

草炭绒长一般要求不低于0.3厘米，蛭石粒径不低于0.1厘米，珍珠岩混匀后每立方米加10千克腐熟的优质有机肥。这些基质能像土壤一样对草莓根系起固定、支持作用，给植株提供氧气、水分和养分，满足其生长发育的需要。在生长过程中如果感觉缺肥，可以在滴灌浇水的时候补充速效肥。

三、栽植与管理

草莓基质栽培的栽植时期一般在8月中下旬至9月上中旬。在栽植前准备好栽植槽，装入配好的基质，浇水沉实，使基质略低于槽口，然后铺设滴灌管。一般每个栽植槽栽2行，行距20厘米、株距15～18厘米（株距应根据品种特性选择）。

秧苗栽植时应选择优质壮苗，随取随栽，对于裸根苗一定要严格注意栽培深度，不能埋心；对于穴盘苗，从育苗钵中取出后轻轻抖掉根上的部分基质，然后栽植，并且栽植时植株弓背应向外。秧苗栽植后的管理与一般促成栽培基本相同，具体可参照第五章　草莓促成栽培关键技术的相关内容。

【注意】

① 在栽培前应提前给基质浇透水。

② 基质栽培容易发生盐害，并引起缺钙现象，所以在选用基质栽培时，一定要严格控制栽培基质的含盐量，保持合适的EC值（应控制在1以下，越小越好）。

第八章
草莓病虫害防治技术

第一节　草莓病虫害防治中存在的问题

随着草莓栽培面积的不断扩大和种植年限的增加，病虫害已经成为影响草莓产量和品质的关键因素，轻的减产20%~30%，严重的减产50%甚至绝收。种植者对防治病虫害舍得投入，但因不能掌握病虫害的症状识别及用药知识而导致多种问题发生。目前，在草莓病虫害防治过程中主要存在以下问题。

一、病虫害发生日益严重

随着全球气候的巨大变化，以及草莓种植年限的增加，草莓病虫害发生日益严重，主要表现在病害、虫害种类逐渐增多，危害范围日益扩大，如近几年大规模发生的红叶病、炭疽病、蓟马等病虫害。另外，一些新发生病害的危害病原菌及机理还未确定，极大地影响了草莓产业的健康发展，因此种植者必须掌握草莓病虫害的提前预防和及时防治技术，将病虫害的危害程度降到最低。

二、防治方法不科学

1. 对农药盲目依赖

许多草莓种植者对农药盲目依赖，不管有病没病持续用药，致使草莓植株的自身免疫力下降，大大降低了植株的抗病性，导致产品质量、产量下降，还对环境造成较大的污染。

2. 农药混用不合理，浪费多

草莓生长过程中经常是几种病虫害混合发生，种植者为了减少打药次数，不管病虫害的种类和主次，也不管农药的酸碱性及是否是同类杀菌谱、杀虫谱的就随意混用，不仅造成浪费，还增加了农药的使用量，结果是主要病虫害控制不住，其他病虫害无济于事，既浪费又不解决问题。

3. 农药使用浓度、计量不准确

种植者为了提高草莓病虫害的防治效果，在使用农药过程中，不是按其使用说明进行配制，多数是比说明书的推荐用量增加 1 倍甚至几倍，随意增加农药浓度，引起草莓植株营养生长和生殖生长失调，产生药害，并且易引起病虫产生抗药性，影响防治效果。

4. 喷药方法不对

在进行病虫害防治过程中，不针对中心病株进行重点用药，叶背喷不到，而是快走、快喷，防治不彻底，从而使病虫害发生周期长、危害重。

三、农药市场规范性差

农药在草莓病虫害防治中占有不可或缺的地位，科学地使用农药对病虫害的防治效果还是非常明显的，不过大量地使用农药也会污染环境，特别是劣质农药，严重时甚至会对人造成生命威胁，因此农药市场的规范性就显得极其重要，而我国农药市场目前还存在一些问题。随着时代发展，市场中的产品都会产生品牌效应，农药也是，因此出现假冒伪劣产品，使农药质量产生问题，导致草莓产量、质量下降，给种植者造成巨大的经济损失。

四、专业防治人才的缺乏

草莓病虫害种类繁多，发生规律、危害方式错综复杂，种植者有时很难做出正确的诊断。生产中严重缺乏专业的植保专家、植保团队，这也对草莓产业的发展造成极大的影响。

第二节　提高病虫害防治效益的方法

一、综合防治是最有效的对策

应始终贯彻“预防为主、综合防治”的植保方针。以农业防治和物理防治为基础，提倡生物防治，按照草莓病虫害发生的规律，科学使用化学防治技术。草莓病虫害综合防治的措施如下。

1. 农业防治

农业防治就是采取一定的栽培技术管理措施，创造不利于草莓病虫害发生的环境，抑制病虫生长繁殖，直接或间接地消灭病虫。这种方法经济、安全，主要起到预防作用，兼有一定的治疗作用，能达到事半功倍的效果。目前主要应用的措施如下。

（1）选用抗病虫品种　根据当地发生的病虫害特点，选用抗病虫性强的草莓品种是经济、有效的病虫害防治措施。

（2）使用脱毒苗作为种苗　在没有种植过草莓的地块使用脱毒种苗进行育苗，这样有利于避免或减轻病害的发生。国内外多年的研究结果表明，应用草莓脱毒原种苗繁殖的生产用苗比普通苗的果大、品质好、产量增加30%以上。

（3）采用合理的栽培管理措施

① 施肥以有机肥为主，控制氮肥使用量。

② 选择通风良好、排灌方便的地块栽植草莓。

③ 选择中性或弱酸性的地块栽植草莓。

④ 根据品种特性，选择合适的种植密度，保证通风透光性好。

⑤ 露地栽培时及时摘除病老残叶、病果，并集中销毁，降低病菌再侵染基数。

⑥ 设施栽培时要采用高畦栽培，进行地膜覆盖，采用滴灌浇水。一定要严格控制好设施内的温湿度。

⑦ 在收获结束后，及时清理草莓秧苗和杂草，进行土壤消毒。

2. 物理防治

物理防治是利用物理、机械的作用防治草莓病虫害。主要防治方法有以下几种。

(1) 人工捕杀 对于幼虫体积比较大的害虫，在虫害发生初期，可以采取人工捕杀的方法。这种方法在棚室栽培中的效果很好。

(2) 利用害虫的生活习性进行诱杀

① 采用黄板诱杀白粉虱及蚜虫。

② 采用蓝板诱杀蓟马。

③ 利用黑光灯诱杀古毒蛾和斜纹夜蛾等害虫。

(3) 阻隔 在棚室放风口处安装防虫网可预防蚜虫；采用避雨育苗的方法，切断病害的传播途径。

(4) 电热式自控熏蒸器 电热式自控熏蒸器是使用电热技术，通过恒温加热来熏蒸可气化并且不发生化学反应的一切固体、液体农药（如硫黄、百菌清等），使之在空气中均匀散布，可以使植株在一定的时间段内处于一个相对稳定的微环境中，使不易施药的部位（往往是病虫害集中的部位，如叶背面）也能得到很好的防治。此方法对白粉病的防治效果良好，对灰霉病、蚜虫、白粉虱等常见病虫害也有很好的防治效果。电热式自控熏蒸器的使用方法如下。

① 将电热式自控熏蒸器垂直挂高 1.2 米以上，接通电源，熏蒸器便开始工作。其有效使用面积为 100 米^2/台，耗硫黄 0.5 克/小时左右。

② 工作电源 180～220 伏，50 赫兹，恒温功率为 35～40 瓦。

③ 工作环境温度为 5～30℃，使用寿命在 8 年以上。

④ 用不低于工业一级的硫黄粉，药剂不宜装得太满，装罐量不超过容量的 2/3，以防止工作时药剂因沸腾而溢出。

⑤ 每晚棚室封闭后进行工作，正常使用时每天工作 3～4 小时。一般在发病高峰期时使用，可视具体情况适当延长使用时间，待病情

控制后，恢复正常使用时间即可。

⑥ 在电压不稳定的条件下，均能正常工作，较适合广大农村地区。

【小知识】

使用电热式自控熏蒸器的注意事项：保持加热罐底部、加热体顶部洁净。使加热体顶部与加热罐紧密接触，以便导热；检查用电线路，防止裸露电线接触熏蒸器及其他物体，以免发生危险；应及时加药，防止药剂太少或干烧，并及时清除加热罐内的残渣；禁止使用易燃化学药品和纯度低于工业一级的硫黄粉，以免引起严重后果；不能与硫酸铜、硫酸亚铁等金属盐类农药混用，防止产生不溶性硫化物而失效；加热罐外壁、底部不能有药物残留。切记！铝罐为硫黄粉专用。

3. 生物防治

生物防治是利用某些生物或生物的代谢产物防治害虫的方法。生物防治不仅可以改变害虫种群组成成分，而且能直接大量消灭害虫。最大的特点是对人、畜、植物安全，也不会使害虫产生抗性。主要防治方法如下。

（1）以虫治虫 例如，利用捕食螨防治草莓红蜘蛛，利用草蛉和瓢虫防治蚜虫，利用赤眼蜂防治小菜蛾、斜纹夜蛾等鳞翅目害虫幼虫，利用丽蚜小蜂防治白粉虱。

（2）以菌治虫 是指利用病原菌微生物，如细菌、真菌、病毒、线虫等控制虫害的发生。如利用苏云金杆菌（细菌）防治小菜蛾、斜纹夜蛾等鳞翅目害虫，利用白僵菌（真菌）防治蛴螬等地下害虫。

（3）利用昆虫激素治虫 利用雄虫性外激素，可以有效诱杀雌虫，这样既可以杀死成虫，又可以进一步控制害虫繁殖后代。另外，可以利用昆虫内分泌激素，使昆虫变态过程发生紊乱，不能进行正常的生殖活动，从而达到控制害虫的目的，如在老龄幼虫快化蛹时，喷施保幼激素，使幼虫处于蛹和幼虫中间型，不能正常羽化，或虽能羽化成虫，但没有生殖能力。

4. 化学防治

化学防治就是指应用化学农药对草莓的病虫害进行控制的防治方法。这种方法效果明显、直接，当以上方法对病虫害控制不住的时候应及时采用化学防治。应按照国家规定选用高效、微毒或低毒、残效期短、安全的农药，严禁使用剧毒、高毒、高残留，以及致畸、致癌、致突变农药。另外，部分农药虽然可以在草莓上使用，但应严格控制使用次数和使用量。在使用化学药剂时，要加强病虫害的预测预报，尽可能避免使用单一农药，做到适时轮换、合理混用，同时要注意使用的安全期，减少农药残留。

二、常用农药的混配优点、原则、注意事项及科学用药

目前草莓生产中已离不开农药，然而绝大多数农药的防治范围有限，一般一种农药只针对一种或几种病虫害，但在草莓生长期内往往同时发生不同种类的病虫害，为了能一次用药便能全方位防治，就要做到合理复配、混用农药，如此才能充分发挥药效，节省人力、物力。

1. 农药合理混配的优点

（1）提高农药的增效作用 两种以上农药混配，各自的致毒作用相互发生影响，产生协同作用的效果，比其中任何一种农药都好。

（2）一药多治，扩大使用范围 草莓常常有几种病虫害同时发生，科学地将两种以上农药混配，施药 1 次可起到同时防治几种病虫对象的效果。

（3）克服、延缓病虫的抗药性 一种农药使用时间过长，有些病虫会产生抗药性。将两种以上农药混合施用，就能克服和延缓有害生物对农药的抗药性，从而保证防治效果。

（4）降低农药的消耗成本 在草莓生长季节，病虫重叠发生的

情况较多，如果逐一去防治，既增加防治次数，又增加农药用量，如果将两种以上农药混用，既可防治病害，又可消灭虫害，同时减少用药次数，节省用药量和工时，从而降低成本。

（5）保护有益生物，减少污染 多次使用农药，会使有益生物遭受其害，农药混合施用后，可减少施药次数和用药时间，相对地给有益生物一定的生成时间，又减少农药对环境污染的负效应。

2. 农药混配的原则

（1）不影响有效成分的化学稳定性 混配时一般不应让有效成分发生化学变化。如有机磷类和氨基甲酸酯类农药对碱较敏感，菊酯杀虫剂和二硫代氨基类杀菌剂在较强的碱性条件下也会分解。酸性农药与碱性农药混配后，会发生复杂的化学变化，破坏其有效成分。有些农药品种要求在碱性不太强的条件下现混现用。

（2）不能破坏药剂的物理性能 两种乳油混配，要求仍具有良好的乳化性、分散性、湿润性；两种可湿性粉剂混配，要求仍具有良好的悬浮率、湿润性及展着性。这是发挥药效的条件，可防止因物理性能变化而失效、减效或产生药害。

（3）农药的混配成本要合理 除了使用时省工、省时外，混配一般应比单用成本低些，同样的防治对象，一般将成本高的与成本低的农药混配，只要无抵抗作用，往往具有明显的经济效益。较昂贵的新型内吸性杀菌剂与较便宜的保护性杀菌剂品种混配，较昂贵的菊酯类农药与有机磷杀虫剂混配，都比单用的成本低。

（4）注意混配药剂的使用范围 要明确农药混配后的使用范围与其所含各种有效成分单剂的使用范围之间的关系，混配农药必须在使用范围方面有自己的特点，这样混配才有效果。

3. 常用农药混配的注意事项

（1）杀菌剂 不能与碱性农药混配的有代森锌、代森锰锌、甲基硫菌灵、多菌灵、腐霉利、农抗120、噁霜·锰锌（杀毒矾）、百菌清等。不能与铜制剂混配的有代森锌、代森锰锌和多菌灵等。咪鲜胺不宜与强酸、强碱性农药混配，氢氧化铜须单独使用，避免与其他农药混配。

（2）杀虫剂 杀虫剂大多不能与碱性农药混配，如辛硫磷、氯氰菊酯、溴氰菊酯、三氟氯氰菊酯、苦参碱等。苏云金杆菌不能与内吸性有机磷杀虫剂或杀菌剂混配。

（3）杀螨剂 杀螨剂大多不能与碱性农药混配，如哒螨酮、丙炔螨特等。

（4）农药混配顺序要准确 叶面肥与农药等混配的顺序通常为叶面肥、可湿性粉剂、悬浮剂、水剂、乳油依次加入，每加入一种即充分搅拌混匀，然后再加入下一种。

（5）先加水后加药，进行二次稀释 农药的混配，并不是简简单单兑在一起就可以了。混配时，可以先在喷雾器中加入大半桶水，加入第一种农药后混匀，然后将剩下的农药用一个塑料瓶先进行稀释，稀释好后倒入喷雾器中，混匀，以此类推。

（6）配药后立即使用 药液虽然在刚配时没有反应，但不代表可以随意久置，久置容易产生缓慢反应，使药效逐步降低。

4. 科学用药

（1）清理病残体 病叶、病果、病株等都是传染源，及时清理这些病源，用药的效果会好些。

（2）选择用药的日期 许多种植者不管有没有病虫危害，1 周左右打 1 次药，这样很不科学。病虫害防治最重要的是调节环境条件，而不是用药。有的种植者可以做到连续四五十天不用药，只有该用药的时候才用，用药用在关键点上，如下雨后、发病初期等。

（3）选择用药的时间 用药的时间不是确定的，但原则之一是用药的时候要保持通风，原则之二是高温强光时间段不要用药。如果下午用药，应该在通风口关闭前 2 小时前用完，以保证排出湿气。

（4）药物的稀释倍数 农药应当按说明使用，可以稍微加量，但不建议加倍。如果感觉药效不好，一是换用其他药，二是改进自己的用药技术。

（5）药物的用量 所有药物的总用量一般不超过0.3%，如果达到0.5%，很容易产生药害。

（6）喷施的部位 应做到全面喷施，尤其注意叶背面一定要喷到。

（7）用药后一两天注意观察病情 这样做是为了确定是不是需要再一次用药、用什么药。多数农药，其同一成分的药物连续使用不要超过2次。

三、主要侵染性病害及其防治

1. 草莓白粉病

草莓白粉病是草莓生产中的主要病害，在其整个生长期均可发生，苗期染病，造成秧苗质量下降，移植后不易成活；果实染病后严重影响草莓品质，导致成品率下降。在适宜条件下，白粉病可以迅速发展，蔓延成灾，损失严重。

【危害与诊断】 主要危害叶片、花和果实，叶柄、花梗、匍匐茎上也有发生。叶片发病初期，叶片背面产生白色、近圆形星状小粉斑（彩图34），随着病情的加重，病斑逐渐扩大并且向四周扩展成边缘不明显的白色粉状物（彩图35）；发病严重时，多个病斑连接成片，整片叶子上布满白粉，叶缘也向上卷曲变形，叶片呈汤匙状（彩图36），随后叶片上发生大小不等的暗色污斑，后期呈红褐色病斑（彩图37），整个叶片焦枯死亡。花、花托染病，花瓣呈粉红色或浅粉红色（彩图38），花蕾不能开放，花托不能发育（彩图39）。幼果染病时，果实被白色菌丝包裹（彩图40），不能正常膨大，发育停止，干枯；成熟果实染病时，果实表面明显覆盖一层白粉（彩图41），严重影响果实质量，失去商品价值。

【发病规律】 病原菌侵染的最适温度为15～20℃，低于5℃和高于35℃均不利于发病。适宜的发病湿度是40%～80%，湿度越大发病越重。但是在过高的湿度条件下，病原菌孢子遇水滴或水膜吸水后会破裂，不能萌发。若草莓品种选择不当、连作、未及时摘除病老残叶、栽植过密、通风不当等，均能诱发白粉病。草莓发病的敏感生育期为坐果期至采收后期，发病潜育期为5～10天。该病是日光温室和大棚草莓栽培的主要病害，严重时可导致绝产绝收。

【防治方法】

（1）农业防治　选用抗病性强的品种，如甜查理、红星等；选用无菌壮苗；栽植前后要清洁园地；草莓生长期间及时摘除病老残叶和病果，并集中销毁；多施有机肥，合理施用氮、磷、钾肥，避免徒长；合理密植，保持良好的通风透光条件；雨后及时排水，加强肥水管理，培育健壮植株；棚室内要适时放风，控制棚室内湿度，晴天注意通风换气，阴天适当开棚降湿；种植者之间尽量不要“串棚”。

（2）药剂防治

① 硫黄熏蒸（图8-1）。对于棚室栽培的草莓来说，可以采用硫黄熏蒸的方法预防白粉病的发生。一般在10月下旬就要进行预防，每亩大棚使用99.5%的硫黄粉15～20克，每天熏蒸2小时，每周熏2次，连续2周就能起到较好的预防效果。在白粉病发病期，每天用硫黄熏蒸8小时，连用7～10次，然后恢复预防期的使用方法即可。

图8-1　硫黄熏蒸罐

② 喷药防治。在发病初期，可选用50%醚菌酯干悬浮剂5000倍液、32.5%苯醚甲环唑·醚菌酯1000倍液、42.8%氟吡菌酰胺·肟菌酯2000倍液，在发病中心及周围重点喷施，每隔7～10天喷1次，连续防治3次。

【提示】

白粉病一定要以预防为主，一旦发病很难控制。棚室草莓的预防时间一般在扣棚保温后到开花前。苯醚甲环唑、丙环唑等唑类杀菌剂对草莓生长有抑制作用，花前生长期注意药剂用量及使用次数。

2. 灰霉病

【危害与诊断】 可发生在果实发育的任何时期，从开花到上市期间都可发生，主要危害叶、花、果柄、花蕾及果实。叶片染病导致叶缘腐烂，当田间湿度高时，病部产生灰色霉层（彩图42），严重时病叶枯死，发病部位长有灰色的霉状物（彩图43）；花器染病，初期在花萼上产生水渍状小斑点，后扩展为椭圆形或不规则形病斑（彩图44），并侵入子房及幼果，呈湿腐状，湿度大时病部产生厚密的霉层，萼片受害严重的直接可导致花萼枯死（彩图45）；未成熟的果实染病，起初产生浅褐色干枯病斑，湿度大时病果湿软腐烂（彩图46），空气干燥时病果常呈干腐状；已转为乳白色或已着色的果实染病，常从果基近萼片处开始发病，发病初期在受害部位产生油渍状白色或灰褐色坏死（彩图47），随后扩大到整个果实，果实变软、腐败，表面密生灰色霉状物（彩图48），湿度高时长出白色絮状菌丝，为病原菌的分生孢子梗和分生孢子（彩图49）。

【发病规律】 病原菌在病残体上或土壤中越冬和越夏。孢子借风雨及农事操作传播蔓延。病原菌喜温暖潮湿的环境，发病最适气候条件为温度18～25℃、相对湿度在90%以上。草莓发病敏感生育期为开花坐果期至采收期，发病潜育期为7～15天。设施栽培比露地栽培的草莓发病早且重。阴雨连绵、灌水过多、地膜上积水、种植密度过大、生长过于繁茂等，均易导致草莓灰霉病严重发生。

【防治方法】 灰霉病重点在于预防，发病严重后防治效果较差。

（1）农业防治　选用抗病品种；避免过多施用氮肥，防止茎叶过于茂盛；合理密植，增强通风透光；及时清除病老枯叶和病果，带出园外销毁或深埋；选择地势高燥、通风良好的地块种植草莓，并实行轮作；设施栽培要采用深沟高畦、覆盖地膜、膜下灌溉，并及时通风，以降低棚室内的空气相对湿度，减少病害；采收期间及时采摘成熟果实，并扔掉所有腐烂、损伤的果实。

（2）药剂防治 用药最佳时期是在草莓开花前。设施栽培的草莓在花前用10%腐霉利烟剂或45%百菌清烟剂烟熏预防，每亩用药300～400克，于傍晚用暗火点燃后立即密闭烟熏一夜，次日打开通风，每隔7～10天熏1次，连熏2～3次。烟熏效果优于喷雾，因其不增加湿度，防治较为全面、彻底。也可选用50%克菌丹可湿性粉剂400～600倍液、50%烟酰胺干悬浮剂1200倍液、50%腐霉利可湿性粉剂800倍液、10%多氧霉素可湿性粉剂1000～2000倍液、80%克菌丹水分散粒剂1500倍液+50%啶酰菌胺水分散粒剂1200倍液等进行喷雾防治，每隔7～10天喷1次，连续防治3次，注意药剂应交替使用，以免产生抗药性。

3. 疫霉果腐病（草莓革腐病）

【危害与诊断】 主要发生在果实、花和根部，匍匐茎上也能发病。根部首先发病，由外向内变黑，呈革腐状。发病早期，植株地上部分症状不明显；发病中期，植株生长较差。在开花结果期，如果空气和土壤干旱，则植株地上部分失水萎蔫，果小、无光泽、味淡，严重时植株死亡。青果染病后出现浅褐色水烫状斑（彩图50），并迅速蔓延至全果，果实变为黑褐色，最后干腐硬化（彩图51），呈皮革状，略具弹性，因此又称草莓革腐病。成熟果实发病时，病部稍褪色，失去光泽（彩图52），严重的白腐软化，似开水烫伤（彩图53），发出臭味，湿度大时果面长出白色菌丝。繁育小苗期间也能发病，主要症状是匍匐茎发干萎蔫，最后干死。

【发病规律】 病原菌菌丝生长温度为10～30℃，最适温度是25℃，病原菌侵染的适宜温度为17～25℃，以卵孢子在病果、病根等病残物中或土壤中越冬。因此，发病地区的病苗和土壤都可作为病原菌远距离传播的媒介。病原菌孢子借风雨、流水、农具等传播，阴雨天气和土壤黏重多湿，发病严重，连作重茬地发病严重。

【防治方法】

（1）农业防治 实行洁净栽培。采用无病苗栽在无病田里一般不会发病。所以，应建立无病繁苗基地，实行统一供苗；采用高畦栽培，防止积水；合理施肥，忌偏施、重施氮肥。

（2）药剂防治 发病初期，可用64%噁霜·锰锌1000倍液进行灌根，或选用72.2%霜霉威（普力克）600倍液、72%霜脲·锰锌（克露）600倍液、58%甲霜灵·锰锌可湿性粉剂500倍液、69%安克锰锌可湿性粉剂1000倍液、90%乙磷铝（疫霜灵）500倍液、40%克菌丹可湿性粉剂500倍液进行喷雾防治。每隔7～10天用1次，连用3～4次。

4. 黑霉病

【危害与诊断】 主要危害草莓果实，受害果实初为浅褐色水渍状病斑，继而迅速软化，腐烂流汤（彩图54），切开果实后看到染病部位果肉变黑（彩图55），失去商品价值。发病症状最终蔓延至全果，果实上密生颗粒状黑霉（彩图56）。

【发病规律】 病原菌在土壤及病残体上越冬，生长期靠风、雨、气流传播，在果实成熟期侵染发病，特别是在草莓采收后不及时处理时，常迅速大量发病。只要一处出现病斑，全果便很快腐烂，继而波及相邻果实（彩图57），特别是在贮藏期容易造成果实大量腐烂，损失惨重。

【防治方法】

（1）农业防治 避免草莓连作，必须连作时，草莓地需进行土壤消毒；加强肥水管理，培育健壮秧苗；及时摘除老叶和病果。

（2）药剂防治 采收前可选用50%多菌灵可湿性粉剂600倍液、70%代森锰锌可湿性粉剂500倍液、50%苯菌灵可湿性粉剂1500倍液、2%农抗120或2%武夷霉素（阿司米星）水剂200倍液、27%高脂膜乳剂80~100倍液进行防治，重点喷施果实。另外，采收前喷0.1%高锰酸钾溶液，也有一定的防治效果。

5. 草莓终极腐霉烂果病

【危害与诊断】 主要侵害近地面的根和果实。根部染病后变黑腐烂（彩图58），轻则地上部萎蔫，重则全株枯死。贴地和近地面果实容易发病，发病初病部呈水渍状，成熟果实病部略呈褐色，后常呈现微紫色，病果软腐略具弹性，果面长满浓密的白色棉状菌丝（彩图59）。叶柄、果梗也可受害，变黑干枯。

【发病规律】 腐霉菌广泛存在于土壤、粪肥及植物的病残体中，并可在土壤中长期存活。病苗、病土、病果和田间流水都可进行传播。草莓果实成熟期遇高温多雨天气容易被侵染，引起病害发生。重茬地、低洼地、湿度大、栽植过密时易发病，贴地果实最易染病。

【防治方法】

（1）农业防治 选择避风、向阳、高燥地块种植草莓；苗床或定植前采用太阳能消毒土壤；采用高畦做床，低洼积水地注意排水，忌漫灌；合理施肥，不偏施、重施氮肥；采用地膜栽培或用其他材料垫果。

（2）药剂防治 发病初期，可选用25%甲霜灵可湿性粉剂1000~1500倍液、70%代森锰锌或40%克菌丹500倍液、35%瑞毒霉或69%安克锰锌可湿性粉剂1000倍液、15%噁霉灵水剂400倍液进行防治，每隔7~10天喷药1次，连喷2~3次，采收前1周停药。

6. 炭疽病

【危害与诊断】 主要危害叶片、叶柄、匍匐茎和果实。叶片染病，病斑为圆形和不规则形，直径为0.5~1.5毫米，偶尔有3毫米大小的病斑，病斑通常为黑色，有时为浅灰色，常类似于墨水渍。叶柄（彩图60）和匍匐茎（彩图61）染病初期出现稍凹陷、较小、中央为棕褐色、边缘为紫红色的纺锤形病斑，蔓延后发展到全部叶柄及整条匍匐茎。根颈部染病，最初症状是病株最新的2~3个叶片在一天最热的时候出现萎蔫，然后傍晚恢复正常。在环境条件有利于病原菌侵染时，引起整株萎蔫（彩图62）和死亡（彩图63）；在育苗地中遇到高温多雨的发病条件时，可引起植株成片死亡（彩图64）。将枯死或萎蔫植株的根颈部纵切（彩图65）和横切（彩图66），可观察到从外向内变褐，而维管束则不变色。成熟或未成熟的果实都可能被侵染，受害果实的病斑呈1个或多个稍凹陷的褐色至黑色环状斑，直径为0.3~1.3厘米（彩图67），病斑可以扩散到果实表面的任何地方，果实表面有黄色的黏状物即分生孢子，被侵染的果实最终干成僵果。

【发病规律】 草莓炭疽病是典型高温、高湿性病害，温度在30℃左右、相对湿度在90%以上时，发病严重，在盛夏高温雨季该病易流行。连作田、偏施氮肥、栽植过密、行间郁闭等都有利于病害的发生，可在短时期内造成毁灭性的损失。炭疽病主要发生在育苗期、匍匐茎抽生期和定植初期，在结果期发生较少，是草莓苗期的主要病害之一。近年来，炭疽病的发生有上升趋势，尤其是在草莓连作地，遇上高温高湿天气，炭疽病会成为育苗地毁灭性的病害，给培育优质壮苗带来严重障碍。

【防治方法】

（1）农业防治 选择抗病的品种，即各地应根据实际情况选用优质、高产、抗病品种；育苗地避免重茬，重茬地要进行土壤消毒；栽植密度要适宜，不宜过密；合理施肥，氮肥不宜过量，施足有机肥和磷、钾肥，扶壮株势，提高植株抗病力；对易感病的品种要采用避雨育苗，高温季节遮盖遮阳网；及时摘除病枯老叶、病茎及带病残株，并集中烧毁，减少病原菌传播。

（2）药剂防治 炭疽病的药剂预防，要从苗期做起。喷施时，要注意整棵植株都须喷到，必要时将药随浇水灌入根颈部位。可选用25%咪鲜胺乳油800~1200倍液、50%咪鲜胺锰盐可湿性粉剂2000

倍液、25%吡唑醚菌酯乳油（凯润）1500～2000倍液、32.5%苯甲·醚菌酯悬浮剂（阿米妙收）1500倍液、75%戊唑醇·肟菌酯水分散粒剂（拿敌稳）3000倍液、60%吡唑醚菌酯·代森联水分散粒剂（百泰）1200倍液进行防治，每隔5～7天喷施1次，连喷3次即可。

7. 红中柱根腐病

【危害与诊断】 该病可以分为急性萎蔫型和慢性萎缩型两种类型。急性萎蔫型（彩图68）多在春夏季发生，从定植后到早春植株生长期间，植株外观上没有异常表现，只是在草莓生长中后期，植株突然发病萎蔫，不久便呈青枯状，引起全株枯死。慢性萎缩型（彩图69）在定植后至冬初均可发生，呈矮化萎缩状，下部老叶叶缘变为紫红色或紫褐色，逐渐向上扩展，全株萎蔫或枯死。根部在发病初期，可见根系都由幼根先端或中部变成褐色或黑褐色而腐烂（彩图70），将根纵向切开（彩图71），可见腐烂的根尖以上变红，最终变色可延伸到根颈，将根颈横切（彩图72），发现根颈中部变成红褐色，随着病害发展根颈中部颜色逐渐变深（彩图73），严重时可见横切（彩图74）和纵切（彩图75）的根颈部木质部及根部坏死褐变，整条根干枯，地上部叶片变黄或萎蔫，最后全株枯死（彩图76）。

【发病规律】 该病是低温病害，土壤温度低、湿度高易发病，地温为6～10℃是发病适温，地温高于25℃则不发病，大水漫灌、排水不良的地块发病重。另外，重茬连作地、植株生长势弱、低洼排水不良、大水漫灌、土壤缺乏有机质、偏施氮肥、种植过密等因素都会加重病情。草莓红中柱根腐病的发生具有突然性和毁灭性，所以，做好预防很重要。

【防治方法】

（1）农业防治 实行轮作倒茬，减少土壤中病原菌的传播；选无病地育苗；选择抗病品种；施用充分腐熟的有机肥，注意磷、钾肥的施用；采用高畦或起垄栽培，尽可能覆盖地膜，提高地温，减少病害；雨后及时排水，采用微喷滴灌设施；中耕尽量避免伤根。

（2）药剂防治 定植前用2.5%咯菌腈（适乐时）悬浮剂600倍液浸根处理3～5分钟，晾干后再定植；定植后发现病株及时拔除，并用50%甲霜灵可湿性粉剂1000～1500倍液、70%代森锰锌可湿性粉剂500倍液喷雾防治（注意药剂应交替使用），每隔7～10天喷施1次，连喷3～4次。也可选用64%杀毒矾可湿性粉剂500倍液、72%霜脲锰锌可湿性粉剂800倍液、72.2%霜霉威水剂400～500倍液、98%敌克松·多菌灵可湿性粉剂2000倍液灌根。

8. 芽枯病

【危害与诊断】 主要危害花蕾、幼芽、托叶和新叶，成熟叶片、果梗等也可染病。染病后的花序、幼芽青枯，逐渐枯萎，呈灰褐色（彩图77），托叶和叶柄基部染病后产生黑褐色病变，叶正面颜色深于叶背，脆且易碎，最终整个植株呈猝倒状或变褐枯死。茎基部和根受害后皮层腐烂，地上部干枯容易拔起（彩图78）。从幼果、青果到熟果都可受到病原菌侵害，受害果实病部表现出暗褐色不规则形斑块、僵硬，最终全果干腐，故又称草莓干腐病。

【发病规律】 发病的适宜温度是22～25℃，几乎在草莓整个生长期都可以发病，气温低及遇连阴雨天气易发病，寒流侵袭或温度过高时发病重。多肥高湿的栽培条件容易导致病害的发生和蔓延，栽植密度过大和栽植过深会加重病害的发生程度。在田间繁苗的夏季，芽枯病有时也发生。

【防治方法】

（1）农业防治 草莓应与禾本科作物实行4年以上的轮作；避免使用病株作为母株，定植切忌过深，合理密植；发现病株应及时拔除，集中进行烧毁或深埋；增施有机肥；设施栽培要适时适量放风，合理灌溉。

（2）药剂防治 草莓现蕾时开始喷淋10%多抗霉素可湿性粉剂500～1000倍液或2.5%咯菌腈悬浮剂1500倍液或98%敌克松·多菌灵可湿性粉剂1500倍液，也可淋灌植株。每隔7天左右喷1次，共喷2~3次。棚室栽培的草莓，防治时可以采用百菌清烟剂熏蒸的方法，每亩用药110~180克，分放5~6处，傍晚点燃密闭棚室，每隔7天熏1次，连熏2~3次。

9. 褐色轮斑病

【危害与诊断】 主要危害叶片，果梗、叶柄、匍匐茎、果实也可受害。受害叶片最初（彩图79）出现红褐色小点，逐渐扩大呈圆形或近椭圆形斑块，中央为褐色圆斑，圆斑外为紫褐色，最外缘为紫红色，病健交界明显；后期（彩图80）病斑上形成褐色小点（病原菌的分生孢子器），多成不规则轮状排列，几个病斑融合在一起时，可导致叶组织大片枯死，病斑干燥时易破碎。叶柄、果梗和匍匐茎发病后，产生黑褐色稍凹陷的病斑，病部组织变脆而易折断。果实受害多在成熟期，病部呈褐色软腐，略凹陷。

【发病规律】 草莓褐色轮斑病病原菌以菌丝体和分生孢子器在病叶组织内或随病残体遗落土中越冬，成为第2年初侵染源。越冬病原菌到第2年6~7月大量产生分生孢子，借雨水溅射或空气传播进行初侵染。病部不断产生分生孢子，进行多次再侵染，使病害逐渐蔓延扩大。从梅雨季的后半期开始到9月之间的高温期，特别在25~30℃的高温多湿季节发病重。平畦漫灌和重茬连作地栽培易感病品种时，发病重。

【防治方法】

（1）农业防治 选用抗病品种；定植前清除病残体及病叶，并集中烧毁；适量浇水，雨后及时排水。

（2）药剂防治 可选用2%农抗120水剂200倍液、70%甲基托布津可湿性粉剂500倍液、25%嘧菌酯悬浮剂1500倍液、10%苯醚甲环唑（世高）水分散粒剂1500倍液、32.5%苯醚甲环唑·醚菌酯悬浮剂1000倍液等进行喷雾防治，连喷2~3次。

10. “V”型褐斑病

【危害与诊断】 主要危害叶片，也危害花和果实。染病后在老叶上起初为紫褐色小斑，逐渐扩大成褐色不规则形病斑，周围常呈暗绿色或黄绿色晕圈。在幼叶上病斑常从叶顶部开始，沿中央主叶脉向叶基呈“V”字形或“U”字形发展，形成“V”型病斑（彩图81），病斑为褐色，边缘深褐色，一般1片叶只有1个大斑，严重时从叶顶伸达叶柄，乃至全叶枯死（彩图82）。

【发病规律】 病原菌在病残体上越冬和越夏，秋冬时节形成子囊孢子和分生孢子，释放出来在空中经风雨传播，侵染发病。该病属于偏低温、高湿病害，春、秋两季特别是春季多阴湿天气，有利于病害的发生和传播，一般花期前后和花芽形成期是发病的高峰期。温度在28℃以上，该病极少发生。设施栽培中，偏施氮肥、苗弱、光照差的条件下容易发病。

【防治方法】

（1）农业防治 栽植抗病品种；加强栽培管理，注意植株通风透光；不要偏施速效氮肥；适度灌水，促使植株生长健壮；及时摘除病、老、枯死叶片，集中深埋或烧毁。

（2）药剂防治 发病初期，可选用50%甲基托布津可湿性粉剂600～800倍液、50%多菌灵可湿性粉剂600倍液、40%克菌丹可湿性粉剂500倍液、75%百菌清可湿性粉剂500～700倍液、80%代森锌可湿性粉剂500～600倍液、25%嘧菌酯悬浮剂1500倍液等进行喷雾防治，每隔7～10天喷1次，连喷2～3次。

11. 蛇眼病

【危害与诊断】 主要危害叶片，大多发生在老叶上。病叶上病斑初期为暗紫红色小斑点（彩图83），随后扩大成2～5毫米的圆形病斑，边缘为紫红色，中心部为灰白色至灰褐色，略有细轮纹，形似蛇眼（彩图84），故叫蛇眼病或白斑病。病斑发生多时，常融合成大型斑。

【发病规律】 病原菌以病斑上的菌丝体或分生孢子越冬，也可产生细小的菌核或子囊壳越冬。越冬后第2年春季产生分生孢子或子囊孢子进行传播和初侵染，后病部产生分生孢子进行再侵染。病苗和地表的菌核是主要传播载体。病原菌发育适宜温度为 18～22℃，低于 7℃或高于 23℃时发育迟缓。秋季和春季光照不足、天气阴湿的条件下发病重。重茬田、管理粗放和排水不良的地块发病重。

【防治方法】

(1) 农业防治 选用抗病品种；加强栽培管理，定植时摘除病苗，采收后及时清理田园，摘除病、老、枯死叶片，集中深埋或烧毁；多施有机肥，不单施速效氮肥；适度灌水，忌猛水漫灌。

(2) 药剂防治 发病初期，可喷淋 25% 吡唑醚菌酯乳油 1500～2000 倍液或 20% 苯醚甲环唑悬浮剂 1500～2000 倍液。

12. 草莓黏菌病

【危害与诊断】 黏菌爬到活体草莓上生长并形成子实体，使病部表面初期布满胶黏的浅黄色液体，后期长出许多浅黄色圆柱形孢子囊，圆柱体周围为蓝黑色，有白色短柄，排列整齐地覆盖在叶片、叶柄和茎上（彩图 85）。此时受害部位不能正常生长，或有其他病杂菌生长而造成腐烂，此时如果遇干燥天气，则病部产生灰白色粉末状硬壳质结构，影响草莓的光合作用和呼吸作用，受害叶片不能正常伸展、生长和发育。黏菌在草莓上一直黏附到生长发育期结束，严重时植株枯死，果实腐烂，造成大幅度减产。

【发病规律】 黏菌以孢子囊在植物体、病残体或地表等处越冬。休眠中的孢子囊有极强的抵御低温、干旱等不良环境的能力，一般从近地面部位向上爬升，可达上层叶片和果实上，使植株各部位发病，可随繁殖材料及风雨进行传播。草莓栽植过密，造成郁闭，或田间潮湿、杂草丛生都有利于该病的发生和蔓延。

【防治方法】

(1) 农业防治 选择地势高燥、平坦地块及砂性土壤栽植草莓；雨后及时排水，灌溉要防止大水漫灌，防止积水和湿气滞留；精耕细作，及时清除田间杂草和残体败叶，栽植不可过密，防止植株郁闭。

（2）药剂防治 发病初期，可喷洒25%嘧菌酯悬浮剂1500倍液或50%嘧菌酯水分散粒剂3000倍液，也可选用45%噻菌灵悬浮剂3000倍液、50%多菌灵600倍液进行防治。

13. 细菌性叶斑病

【危害与诊断】 主要危害叶片。初侵染时在叶片表面出现水浸状、红褐色、不规则形病斑（彩图86），扩大时受细小叶脉所限而呈角形叶斑，最后融合成一片，渐变为浅红褐色而干缩破碎（彩图87）。病斑照光呈透明状。严重时使植株生长点变黑枯死。

【发病规律】 该病是随着草莓繁殖材料的引进而迅速传播的。病原菌在种子或土壤里及病残体上越冬，播种带菌种子，幼芽在地下即染病，致使幼苗不能出土，有些虽能出土，但出苗后不久即死亡。在田间通过灌溉水、雨水及虫伤或农事操作造成的伤口或叶缘处水孔侵入致病并传播蔓延。病原菌先侵害少数薄壁细胞，后进入维管束向上下扩展。发病适宜温度为25～30℃，高温多雨或连作、地势低洼、灌水过量、排水不良、人为伤口或虫伤多者，均发病重。

【防治方法】

（1）农业防治 通过检疫，防止病害传播蔓延；清除枯枝病叶，集中深埋或烧毁，减少病源；减少人为伤口，及时防治虫害；加强土肥水管理，提高植株抗病能力；苗期小水勤浇，以降低土温，雨后及时排水，防止土壤过湿。

（2）药剂防治 定植前对土壤消毒；发病初期，可选用2%农抗120水剂200倍液、90%新植霉素可湿性粉剂4000倍液、3%中升菌素可湿性粉剂1000倍液进行喷雾防治，每隔7～10天喷1次，连续喷3～4次。采收前3天停止用药。

14. 草莓绿瓣病

【危害与诊断】 草莓绿瓣病是草莓的一种毁灭性病害，受害株果实全部丧失商品价值。在草莓上，病株的主要症状是花瓣变为绿色

（彩图 88），并且几片花瓣常连生在一起，变绿的花瓣后期变红。果实瘦小、呈尖锥形，花托延长（彩图 89），基部扩大并变为红色。叶片边缘失绿或变黄，叶柄短缩，植株严重矮化，呈丛簇状。病株在仲夏往往衰萎和枯死。有些病株还能暂时恢复正常，有些病株的花部全部变为叶片。

【发病规律】 草莓绿瓣病主要通过叶蝉传播。田间栽植的草莓在 6 ~ 10 月均可发病，但叶蝉传毒高峰期是在 8 月。草莓绿瓣病还可通过菟丝子传染。发病株率在年份间有变化，这主要取决于气候条件和栽培品种。

【防治方法】

（1）农业防治 培育和栽植无病种苗；做好植物检疫。草莓绿瓣病及其他类菌原体病害在草莓上常造成毁灭性危害。这些病害仅在局部地区发生，因此，从发病区引种时，一定要严格进行检疫，一旦发现，就应立即销毁，杜绝传入。

（2）药剂防治 在草莓生长季节定期喷布杀虫剂防治叶蝉；类菌原体对四环素敏感，植株刚感染绿瓣病时，根部浸泡或叶面喷施四环素液，可使病株不同程度地康复。

15. 草莓病毒病

【危害与诊断】 草莓病毒病是指由不同病毒侵染草莓后所引起病害的总称，是草莓生产中的主要病害。能侵染草莓的病毒种类有很多，目前已知给草莓生产造成损失的病毒主要有草莓斑驳病毒、草莓轻型黄边病毒、草莓镶脉病毒和草莓皱缩病毒。病毒具有潜伏侵染的特性，大多病症不显著，植株不能很快表现，称为隐症。病毒病的常见症状有矮化、花叶、黄化、坏死、畸形等（彩图 90）。

【发病规律】 病毒是不能在病残体上越冬的，只能靠冬季尚还生存的草莓、多年生杂草或草莓种株作为寄主存活越冬，第 2 年在存活的寄主上依靠虫媒、接触或伤口传播，或通过嫁接、整枝打杈等农事活动传染。蚜虫或其他具有刺吸式口器的昆虫是主要传播渠道，也能通过菟丝子、土壤线虫的侵害传播。高温干旱适合病毒的发生繁殖，有利于蚜虫繁殖与传毒；管理粗放、田间杂草丛生的地块发病严重。另外，引种是病毒远距离传播的重要途径。一般草莓栽培年限越长，感染的病毒种类越多，发病程度越重。

【防治方法】

（1）农业防治 做好土壤消毒；严格执行引种检疫和繁育制度；实行严格的隔离制度；培育、选用抗病毒品种；应用脱毒种苗，增强植株抗病能力；加强叶面喷肥，增强生长势，提高抗病性；及时防治蚜虫，蚜虫是传播多种病毒病的重要媒介，可利用银灰膜驱避蚜虫，或设置防蚜黄板诱蚜。

【提示】

加防虫网是设施草莓最有效的阻断传毒媒介的措施。

（2）化学防治 选用10%吡虫啉1000倍液、25%阿克泰水分散粒剂3000～4000倍液、10%抗虱丁可湿性粉剂1000倍液、1.8%阿维菌素2000倍液消灭传毒蚜虫，可减轻病毒病的危害。定植早期，采用1.5%植病灵1000倍液或30%病毒星可湿性粉剂400倍液喷施2～3次，对病毒病有一定的抑制作用。

16. 草莓线虫病

【危害与诊断】 线虫病使草莓植株的生命力降低（彩图91），易受真菌、细菌等病原物的侵染，部分线虫还可以传播病毒。危害草莓的线虫主要有芽线虫、根腐线虫、根结线虫和茎线虫。芽线虫主要危害嫩芽，芽受害后新叶扭曲，严重时芽和叶柄变成红色；花芽受害使花蕾、萼片及花瓣畸形；危害后期苗心腐烂。根腐线虫在根部侵染，到一定程度时根系上形成许多大小不等的近似瘤状的根结。根结线虫危害，导致草莓根系不发达，植株矮小，须根变褐，最后腐烂脱落。茎线虫危害，可引起草莓叶柄隆起，叶片扭曲变形，花和果实形成虫瘿，植株矮化。

【发病规律】

（1）芽线虫　芽线虫的寄生部位主要在叶腋、芽部及花、花蕾、花托等，全部为外寄生。芽线虫主要靠受害母株发生的匍匐茎进行传播，受害株发生的匍匐茎上几乎都有芽线虫，从而传给子株，随秧苗扩展到更大范围。芽线虫也可以靠雨水和灌溉水游离，移至其他植株上。如果在发病田里进行连作，则土中残留的芽线虫也移向健株侵染。

（2）根腐线虫　在设施栽培中，特别是在砂壤土和连作的设施栽培条件下容易发生根腐线虫病。根腐线虫主要通过种苗、有根腐线虫的土壤及枯枝落叶、雨水、灌水、耕作工具等传播。

（3）根结线虫　根结线虫卵经孵化后，幼虫便自草莓幼根顶端侵入须根组织中，并在其中吸取根系养分，条件适宜时，每 25 ~ 30 天可发生 1 代，1 年可发生数代。

（4）茎线虫　茎线虫在草莓体内寄生和繁殖。茎线虫产卵后大约 7 天开始孵化，然后每隔 2 ~ 7 天蜕 1 次皮，在 15℃下的合适寄主上完成生活史只需 19 ~ 23 天。雌雄成虫交配后，雌虫每天产卵 8 ~ 10 粒，共产卵 200 ~ 500 粒。茎线虫个体存活时间一般为 45 ~ 70 天，为内寄生，一般在变形的病组织中发育。4 龄茎线虫对干旱抵抗力强，群集在干旱的组织中可存活数年。

【防治方法】　杜绝虫源，选择无线虫危害的秧苗，在育苗期发现有线虫危害的植株及时拔除，并进行防治；轮作换茬，草莓种植 1 ~ 2 年后，改种抗线虫的作物，5 年后再种植草莓；利用太阳能高温处理土壤，能消灭线虫；可用 1.8% 阿维菌素乳油 3000 ~ 4000 倍液或 50% 辛硫磷乳油 500 ~ 1000 倍液进行防治。

四、主要生理性病害及其防治

1. 高温日灼

【症状识别】　高温日灼症是草莓生产中常见的生理性病害之一。

该病发生于中心嫩叶初展或未展时，会导致叶缘急性干枯死亡，干死部分褐色或黑褐色，由于叶缘细胞死亡，而其他部分细胞迅速生长，所以受害叶片多数像翻转的酒杯或汤匙一样（彩图92），且明显变小；发生于植株成龄叶片时，受害叶片似开水烫伤状失绿、凋萎，呈茶褐色干枯，枯死斑色泽均匀，表面干净，轻时仅在叶缘锯齿部位发生（彩图93），严重时可使叶片大半枯死（彩图94）。果实成熟期在中午遇高温时，因直接照射到强光而很干燥，果实表面的温度上升很快，阳面的部分组织失水灼死，受害部位先是变白变软呈烫伤状（彩图95），后呈干瘪凹陷、浅褐色（彩图96），失去商品价值。

【发病规律】 植株根系发育较差，新叶过于柔嫩时会发生日灼；雨后暴晴，光照强烈，叶片蒸腾过盛（实际是一种被动保护反应），也会发生日灼；经常喷洒赤霉素，阻碍根的发育，会导致发病加重；施肥过量，土壤水分含量过高，根系吸水困难，导致植物体严重缺水，也会发生日灼；设施栽培时若3～4月管理不当，棚室内温度过高，易产生日灼；不同草莓品种对高温干旱的敏感度不同，根系不发达的品种嫩叶易受害，叶片薄脆的品种成龄叶易受害，果实皮薄、果肉含水量高的品种果实易受害。

【防治方法】 选择对高温干旱不敏感的品种；栽健壮秧苗，在土层深厚的田块种草莓，以利于根系发育，高温干旱季节来临之前在根际适当培土以保护根系；慎用赤霉素，特别是高温干旱期要少用赤霉素；根据天气干旱和土壤水分含量情况适时补充土壤水分，不过量施肥，且施肥后要及时灌水；夏季高温季节注意遮阴防晒，减少日灼。

2. 低温危害

【症状识别】 叶片受冻后会干枯死亡（彩图97）；柱头受冻后会向上隆起干缩，花蕊受冻后会变成黑褐色死亡（彩图98），花瓣受冻后会变成红色或紫红色（彩图99）；幼果受冻时停止发育，变成暗红色干枯僵死（彩图100），大果受冻后发硬变褐（彩图101），低温危害常常伴随着畸形果的产生。

【发病规律】 通常是越冬前降温过快而使叶片受冻。越冬时大量绿色叶片在 -8℃以下的低温中可被冻死，影响花芽的形成、发育和第 2 年的开花结果。在花蕾和开花期出现 -2℃以下的低温，雌蕊和柱头即发生冻害。而早春回温过快，促使植株萌动生长和抽蕾开花，这时如果骤然降温，即使温度不低于 0℃，由于温差过大，花器抗寒力极弱，会使花朵不能正常发育，往往还会使花蕊受冻变成黑褐色死亡。花期出现低温，花瓣常出现红色或紫红色，严重时叶片也会干卷枯死。

【防治方法】 选用适宜品种，适时定植；晚秋控制植株徒长，冬前浇冻水，越冬及时覆盖防寒物；早春不要过早去除覆盖物，在初花期于寒流来临之前要及时加盖地膜防寒；冷空气来临前给园地灌水，增加土壤湿度，或及时对叶片喷施 1.8% 复硝酚钠水剂 3000～5000 倍液，能提高抗寒能力；设施栽培的可进行人工加温。

3. 畸形果

【症状识别】 果实过肥或过瘦，或为鸡冠状（彩图 102）、指头果（彩图 103）、多头果（彩图 104）、果面凹凸不平整（彩图 105）及其他不正常（彩图 106）形状，均称为畸形果。

【发病规律】 品种本身育性不高，雄蕊发育不良，雌性器官育性不一致，导致授粉不完全，会引起畸形果；棚室内授粉昆虫少，或由于阴雨、低温等不良环境导致授粉昆虫少或花朵中花蜜和糖分含量低，不能吸引昆虫授粉；开花授粉期温度不适、光线不足、湿度过大或土壤过干等，导致花器发育受到影响或花粉稔性下降，花粉开裂和花粉发芽受到影响，遮光和短日照也会使不稔花粉量缓慢增加，出现受精障碍；花期使用杀螨剂等药剂导致雌蕊褐变，影响正常授粉；氮肥施用过量、缺硼、植株营养生长与生殖生长失调等均能导致畸形果。

【防治方法】 选用畸形果少的品种；配置授粉品种 10%～20%；

合理调控棚室内的温湿度，通过适时放风，白天温度应控制在22～28℃，夜间保持在5℃以上为宜，以30%～50%的湿度为宜；疏花疏果，疏除易出现雌性不育的高级次花，摘除病果和过多的幼果；减少用药次数，尽量不用或少用农药，如果需使用药剂防治时，一定要避开花期；合理施肥，重视有机肥并将其作为基肥，控制氮肥用量，补施磷、钾肥和微量元素肥料；合理密植，加强植株管理，注意通风透光。

4. 生理性白化叶

【症状识别】 病株叶片上出现不规则、大小不等的白色斑纹或斑块，白斑或白纹部分包括叶脉完全失绿，但细胞完全存活（彩图107）。发病的叶片、花蕾和萼片（彩图108）都表现出失绿。重病株矮小，叶片光合能力下降或基本丧失。

【发病规律】 据最新研究发现，草莓生理性白化叶不会由嫁接、机械损伤或者昆虫携带的植株汁液传播到健康植株，而会由父系或母系传播到后代实生苗，是一种非传染性的基因起源病症，但是仍无法确定其遗传机理。发病植株的叶绿体和细胞质膜的严重破裂，并且破裂程度会随着病症的加重而增加。

【防治方法】 发现病株立即拔除，不能作为母株繁苗使用；选用抗病品种。

5. 生理性白果

【症状识别】 果实成熟期褪绿后不能正常着色，全部或部分果面变成白色（彩图109）或浅黄白色，界限鲜明，白色部分种子周围常有一圈红色，病果味淡、质软，果肉变成杂色、粉红色或白色，很快腐败（彩图110）。

【发病规律】 低光照和低糖是引起白果的主要原因，属生理性病害。果实中含糖量低和磷、钾元素不足，易导致该病发生；施氮肥过多、植株生长过旺的田块，着果多而叶片生长发育不良的植株，以及果实中可溶性固形物含量低的品种，易发生白果病。如果结果期天气温暖而着色期冷凉多阴雨，则发病加重。

【防治方法】 多施有机肥和完全肥，不过多偏施氮肥；选用适合当地生长的品种和含糖量较高的品种；采用设施栽培，适当调控温湿度。

6. 激素药害

【症状识别】 草莓设施栽培中喷施赤霉素过量，致使叶柄特别是花茎徒长，从而花小、果小，严重影响产量。喷施三唑类药物过量，如多效唑，会导致植株过于矮化、紧缩等（彩图111）。

【发病规律】 赤霉素可促进植物细胞分裂和伸长，发挥顶端优势，浓度过高或用药量过大，就会使植株旺长。叶柄和花序梗生长过长，把有限的营养过多地用以植株伸长生长，限制了果实的生长，造成长穗小果，从而造成严重减产。多效唑是一种植物生长暂时性延缓剂，可抑制植物体内赤霉素的合成，控制茎秆伸长，抑制顶芽生长，促进侧芽萌发和花芽的形成，增加花蕾数，提高坐果率，改善果实品质，提高抗寒力，但用量超过500毫升/升，会因抑制作用太强引起植株矮缩，导致减产。

【防治方法】 严格掌握激素的使用适期、使用浓度、用药量和使用次数。

7. 盐害或肥害

【症状识别】 叶边缘和叶尖烧伤，常作为盐害或肥害的最明显指标（彩图112～彩图114）。盐分积累常会抑制植株生长势，引起其生长缓慢、矮化，以及死亡（彩图115）。相比阴冷天气，在干热天气中叶片烧伤通常会更严重，幼苗很难发根且须根少，受盐害的根会增粗。

【发病规律】 灌溉水，或土壤中盐分含量过高、排水不良、过度施用化肥，或在湿润的叶子上施肥等都能导致盐害或肥害的发生。

【防治方法】

（1）轮作倒茬 实行不同作物间的合理轮作，特别是水地与旱地作物轮作，可以调节地力，提高肥效，改善土壤的理化性能。

（2）改良土壤 改变土壤盐渍化的最有效方法是改良土壤。盐渍化会导致土壤板结和生理性病害加重。增施有机肥，测土配方施肥，尽量不用使土壤盐类浓度升高的化肥。氮肥过量的地块增施钾肥和动力生物菌肥，以求改变土壤通气状况和盐性环境。重症地块灌水洗盐，泡田淋失盐分。及时补充因流失造成的钙、镁等微量元素。多使用秸秆等有机肥，可以改善土壤结构。

8. 除草剂危害

【症状识别】 除草剂种类繁多，在施用过程中如果种类选择不当、施用浓度不合适或重复喷药等都会产生药害。例如，在草莓园施用西马津、阿特拉津等三氮苯类除草剂能引起草莓药害，前茬受害主要表现为草莓叶片黄化、上卷或扭曲，严重时叶片呈灼烧状枯萎。部分除草剂引起药害后使草莓成龄叶片变得黑绿干、硬、脆，并出现黑褐色点或片（彩图116），幼叶尖部变得黑褐失绿，严重影响植株生长发育（彩图117）。

【发病规律】 在施用过程中如果种类选择不当、施用浓度不合适或重复施用都会产生药害。

【防治方法】 草莓与其他作物间、套、轮作时，施用的除草剂必须对草莓无害。为了保护草莓不受除草剂的伤害，通常采用吸附物质，如先在草莓根部裹一层活性炭，然后再栽种到已施过除草剂的土壤中，或者草莓栽植后不久，在出芽前先在草莓行带上施活性炭，再施用土壤除草剂。施用充分腐熟的农家肥也有类似效果。

9. 缺氮症

【症状识别】 植株缺氮症状通常先从老叶开始，逐渐扩展到幼叶。一般刚开始缺氮时，特别在生长盛期，成龄叶片逐渐由绿色向浅绿色转变（彩图118），随着缺氮的加重，叶片变为黄色（彩图119），局部枯焦。幼叶或未成熟的叶片，随着缺氮程度的加剧，叶片反而更绿，但叶片细小、直立。老叶的叶柄和花萼则呈微红色，叶色较浅或呈现锯齿状亮红色。果实常因缺氮而变小。根系色白而细长，须根量少，后期根停止生长，呈现褐色。植株轻微缺氮时，往往看不出来，并能自然恢复。

【发病规律】 土壤瘠薄且没有正常施肥，易表现缺氮症；管理粗放、杂草丛生时，常缺氮。

【防治方法】 改良土壤，增施有机肥，施足底肥，提高土壤肥力，以满足草莓生长发育的需要。植株表现缺氮症状时，及时追肥并与叶面喷肥配合，如叶面喷布 0.2%～0.3% 的尿素 2～3 次。

10. 缺磷症

【症状识别】 草莓缺磷时，植株生长弱，发育缓慢，叶色带有青铜暗绿色。缺磷的最初表现为叶片深绿，比正常叶片小；缺磷加重时，有些品种的上部叶片外观呈黑色（彩图 120）、有光泽，下部叶片的特征为浅红色至紫色（彩图 121），近叶缘的叶面上有紫褐色的斑点。较老叶龄的上部叶片也有这种特征。缺磷植株的花和果比正常植株的要小，有的果实偶尔有白化现象。根部生长正常，但根量少，颜色较深。缺磷植株的顶端受阻，明显比根部发育慢。

【发病规律】 草莓缺磷，主要是土壤中含磷量少，如果土壤中含钙量多或酸度高时，磷素被固定，便不易被吸收。在疏松的砂土或有机质多的土壤上也易发生缺磷现象。

【防治方法】 在草莓栽植时每亩施过磷酸钙 100 千克，随农家肥一起施入；植株开始出现缺磷症状时，每亩喷施 1%～3% 的过磷酸钙澄清液 50 千克，或叶面喷布 0.3% 的磷酸二氢钾 2～3 次。

11. 缺钾症

【症状识别】 草莓开始缺钾的症状常在新成熟的上部叶片出现，如叶片边缘出现黑色、褐色和干枯（彩图 122），继而发展为灼伤状（彩图 123），还可由大多数叶片的叶脉之间向中心发展。叶片产生褐色小斑点，几乎同时从叶片到叶柄发暗或干枯坏死，这是草莓特有的缺钾症状。草莓缺钾，较老的叶片受害重，较幼的叶子不显示症状。

灼伤的叶片，其叶柄常发展成浅棕色到暗棕色，有轻度损害，以后逐渐凋萎。轻度缺钾的植株可自然恢复。

【发病规律】 一般在黏土地和砂壤土上容易发生缺钾。过多施入氮、磷肥，会导致植株缺钾症的发生。土壤中钙、镁元素含量过高，会抑制钾元素的吸收。温度低、光照差的环境条件下，也会降低根系对钾的吸收能力。过度密植等可造成植株缺钾。

【防治方法】 施用充足的堆肥或厩肥等有机肥料，可减轻缺钾现象；严重缺钾的土壤，增施硫酸钾和氯化钾复合肥，每亩施硫酸钾6.5千克左右；草莓出现缺钾症状时，可叶面喷布0.3%的磷酸二氢钾2~3次。

12. 缺钙症

【症状识别】 草莓缺钙最典型的表现是叶焦病、硬果、根尖生长受阻和生长点受害。叶焦病在叶片加速生长期频繁出现，其特征是叶片皱缩，出现皱纹，顶部干枯变成黑色。缺钙多在现蕾期发生，幼嫩小叶及花萼尖端呈黑褐色干枯（彩图124、彩图125）。缺钙果实表面有密集的种子覆盖，未膨大的果实上种子可布满整个果面，果实组织变硬、味酸。缺钙草莓植株的根短粗、色暗，以后呈浅黑色。在较老叶片上的症状表现为叶片由浅绿色到黄色，逐渐发生褐变、干枯。

【发病规律】 土壤干燥，土壤盐类浓度过高，氮肥、钾肥施用过量，会阻碍植株对钙的吸收。酸性土壤，或年降水量多的砂质土壤容易发生缺钙现象。不同品种对缺钙的敏感性不同。

【防治方法】 选用对缺钙不敏感的品种；因土壤偏酸而导致缺钙时，最好在栽植前向土壤中增施石膏，视缺钙程度确定施用量，一般每亩施用量为50千克。出现缺钙症状时，叶面喷施0.3%的氯化钙溶液，或叶面补充糖醇钙、氨基酸钙、螯合钙，可减轻缺钙现象；应及时浇水，保证水分供应，防止土壤干旱。

13. 缺铁症

【症状识别】 草莓缺铁的最初症状是幼龄叶片黄化或失绿（彩

图126），但这些还不能肯定是缺铁，当黄化程度发展并进而变白（彩图127），发白的叶片组织出现褐色污斑时，则可断定为缺铁。草莓中度缺铁时，叶脉为绿色，叶脉间为黄白色。叶脉转绿复原现象可作为缺铁的特征。严重缺铁时，新成熟的小叶变白，叶片边缘坏死（彩图128），或者小叶黄化（仅叶脉为绿色），叶片边缘和叶脉间变褐坏死。

【发病规律】 碱性土壤或酸性强的土壤易缺铁。土壤过于干旱、过湿，会影响根的活力，也易出现缺铁现象。

【防治方法】 防治缺铁，可在栽植草莓时土施硫酸亚铁或螯合铁，或用0.1%~0.5%的硫酸亚铁水溶液进行叶面喷洒；不在盐碱地栽植草莓，如果需要栽植，将土壤pH调节到6~6.5较适宜，这时不应再施用大量的碱性肥料，若土壤为强碱性，可每亩施硫酸粉13~20千克；深耕土壤，适时灌水，保持土壤湿润，并注意雨后及时排水。

14. 缺锌症

【症状识别】 轻微缺锌的草莓植株一般不表现症状。缺锌加重时，较老叶片会变窄，特别是基部叶片，缺锌越重，窄叶部分越伸长（彩图129），但缺锌不发生坏死现象，这是缺锌的特有症状。缺锌植株叶龄大的叶片往往出现叶脉和叶片表面组织发红的症状，严重缺锌时新叶黄化，但叶脉仍保持绿色或微红，叶片边缘有明显的黄色或浅绿色的锯齿形边。

【发病规律】 在砂质土壤或盐碱地上栽植的草莓易发生缺锌现象。被淋洗的酸性土壤、地下水位高的土壤和土层坚硬、有硬盘层的土壤易缺锌。含磷量高或大量施氮肥使土壤变碱，易缺锌。土壤中有机物和土壤水分过少，易缺锌。

【防治方法】 增施有机肥，改良土壤；叶面喷布0.1%的硫酸锌溶液，或螯合态的锌。

15. 缺硼症

【症状识别】 草莓缺硼的早期症状是幼龄叶片出现不对称，皱缩和叶片边缘黄色、焦枯（彩图 130），生长点受伤害；根系短粗、色暗。随着缺硼症的加剧，老叶出现症状，有的叶脉间有的失绿，有的叶片向上卷。缺硼植株的花小，授粉和结实率降低，果实小、畸形或呈瘤状（彩图 131）。种子多，有的果顶与萼片之间露出白色果肉，果实品质差，严重影响产量。

【发病规律】 土壤缺硼及土壤干旱时，易发生缺硼症。华南花岗岩发育的红壤和北方含石灰的碱性土壤能降低根系对硼的有效吸收，从而导致缺硼。旱涝失调、施用钾肥过多都会造成缺硼。缺硼时，不直接影响植株对钙的吸收量，但缺钙症会伴有缺硼症的发生。

【防治方法】 适时浇水，提高土壤可溶性硼含量，以利于植株吸收；缺硼的草莓可叶面喷施硼肥，一般用 0.15% 的硼砂溶液进行叶面喷洒；由于硼过量时草莓比较敏感，所以花期喷施时硼的浓度应适当减小；严重缺硼的土壤，应在草莓栽植前后土施硼肥，1 米栽植行施 1 克硼肥即可。

16. 缺锰症

【症状识别】 草莓缺锰的初期症状是新发生的叶片黄化（彩图 132），这与缺铁、缺硫、缺钼时全叶呈浅绿色的症状相似。缺锰进一步发展则叶片变黄，有清楚的网状叶脉（彩图 133）和小圆点，这是缺锰的独特症状。缺锰加重时，主要叶脉保持暗绿色，而叶脉之间变成黄色（彩图 134），有灼伤，叶片边缘向上卷（彩图 135）。灼伤会呈连贯的放射状横过叶脉而扩大。缺锰植株的果实较小，但对品质无影响。

【发病规律】 北方的石灰性土壤，如黄淮海平原、黄土高原等盐碱地易缺锰。叶片锰含量小于 25 毫克/千克时会出现缺锰症状。

【防治方法】 在草莓定植时土施硫酸锰，1 米栽植行施 1 ~ 2 克；植株出现缺锰症状时，叶面喷施 80 ~ 160 毫克/升的硫酸锰水溶液，注意开花或大量坐果时不喷。

17. 缺硫症

【症状识别】 缺硫与缺氮的症状差别很少。缺硫时，叶片均匀地由绿色转为浅绿色（彩图136），最终成为黄色（彩图137）。所有叶片都趋向于一直保持黄色，草莓果实有所减少，其他无影响。相反地，缺氮植株较老的叶片和叶柄发展为呈微黄色的特征，而较幼小的叶片实际上随着缺氮的加强而呈现绿色。

【发病规律】 我国北方含钙质多的土壤，硫多被固定为不溶状态；而南方丘陵山区的红壤，因淋溶作用，硫流失严重，这些地区的草莓园易缺硫。

【防治方法】 对缺硫的草莓园施用石膏或硫黄粉即可。一般可结合施基肥每亩增施石膏37～74千克，硫黄粉施用量为每亩1～2千克或栽植前1米栽植行施石膏65～130克。施硫酸盐一类的化肥，硫也能得到一定的补充。

五、主要地上害虫及其防治

1. 蚜虫

【危害与诊断】 危害草莓的蚜虫主要有棉蚜、桃蚜及草莓根蚜等，大多群集在草莓幼叶叶柄、叶背、嫩心、花序和花蕾（彩图138）上活动。蚜虫为刺吸式口器，取食时将口器刺入植物组织内吸食，导致嫩芽萎缩，嫩叶卷缩、扭曲变形，不能正常展叶，最终造成植株生长衰弱，严重时停止生长，甚至全株萎蔫枯死（彩图139）。蚜虫分泌蜜露污染叶片，导致煤污病的发生（彩图140），蚂蚁则以蜜露为食，故植株附近蚂蚁较多时，说明蚜虫开始为害。蚜虫是一些病毒的传播者，只要吸食过感染病毒的植株，再迁飞到无病毒植株上吸食，即可将病毒传播到另一植株上，使病毒扩散，造成严重危害。

【防治方法】

（1）农业防治 尽量避免连作，实行轮作；清除田间杂物和杂草，及时摘除受害叶片并进行深埋，可减少虫源。

（2）物理防治 利用成虫对黄色有较强趋性的特点，可在成虫发生期挂置黄色粘虫板以诱捕成虫（图 8-2）。黄色粘虫板从苗期或定植期开始保持不间断使用，可有效控制蚜虫的发展。每亩悬挂 24 厘米 × 30 厘米黄色粘虫板 20 块，一般要求其下端高于植株顶部 20 厘米为宜。

图 8-2 悬挂黄色粘虫板

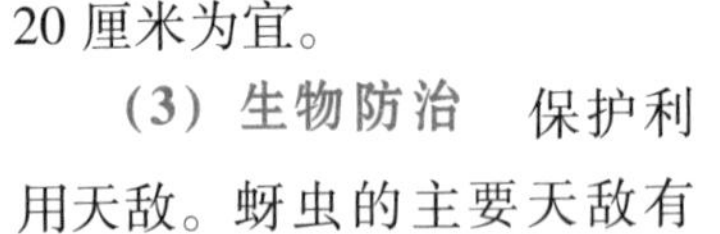

（3）生物防治 保护利用天敌。蚜虫的主要天敌有七星瓢虫、蚜蝇、草青蛉等，当蚜虫不是很多，而天敌有一定数量时，不要使用农药，以免伤害天敌。

（4）生物药剂防治 可选用 6% 乙基多杀菌素悬浮剂 2000 倍液、2.5% 多杀霉素悬浮剂 1000 ~ 1500 倍液、1.5% 苦参碱可溶性液剂 2000 ~ 3000 倍液等。

（5）化学药剂防治 可选用 50% 吡蚜酮水分散粒剂 3000 ~ 5000 倍液、10% 氟啶虫酰胺水分散粒剂 2500 ~ 4000 倍液、22% 氟啶虫胺腈悬浮剂 1500 倍液、20% 啶虫脒可溶性粉剂 10000 ~ 12000 倍液。棚室中可用蚜虫净烟熏剂进行熏蒸，能有一定的防治效果。一般采收前 15 天停止用药，各种药剂应交替使用，以免蚜虫产生抗药性。

2. 螨类

【危害与诊断】 螨类俗称红蜘蛛，是蛛形纲害虫，主要危害植物的叶、茎、花等。刺吸植物的茎叶时，初期叶片正面有大量针尖大小、失绿的黄褐色小点，叶片变成苍灰色（彩图 141），叶面变为黄绿色；后期叶片从下往上大量失绿卷缩脱落，造成大量落叶。有时危害从植株中部叶片开始发生，叶片逐渐变黄。部分螨类喜群集（彩

图 142）叶背主脉附近并吐丝结网于网下（彩图 143），有吐丝下垂借风力扩散传播的习性，严重时叶片枯焦脱落，植株如火烧状、矮化（彩图 144）。棚室草莓生长中后期易遭受红蜘蛛的暴发为害，受害植株矮化早衰，叶片变成红褐色干枯；开花期受害，果实缩小变硬，畸形果增多，严重影响草莓鲜果的产量及品质。受害严重的可减产 30%～40%，甚至绝收。危害草莓的红蜘蛛有多种，其中以二斑叶螨和朱砂叶螨的危害严重。二斑叶螨呈蜡污白色，体背两侧各有 1 个明显的深褐色斑，幼螨和若螨也为污白色，越冬型成螨体色变为浅橘黄色；朱砂叶螨成螨为深红色或锈红色，体背两侧也各有 1 个黑斑。

【防治方法】

（1）农业防治 加强肥水管理，做到平衡施肥，培育健壮植株。及时摘除老叶、病残叶，增加棚室内通风透光性，降低红蜘蛛的发生概率。一旦发现少量植株被害，应立即处理，把受害的叶片、花或果实摘除，带出棚室外销毁。

（2）生物防治 释放捕食螨，捕食螨的种类主要有智利小植绥螨、加州新小绥螨。具体方法如下（参照张艳璇的方法）。

1）清洁田园：在草莓定植前 10～20 天，将需要用的田园灌水（灌水至土面 5～10 厘米）进行厌氧处理，以杀死土中红蜘蛛、蓟马、粉虱等害虫、害螨，同时每亩均匀撒施 0.5 千克石灰进行消毒。

2）施用“送嫁药”：草莓定植前，要对草莓苗喷施 1 次杀螨剂（送嫁药），以减少草莓苗中的红蜘蛛、蓟马、粉虱等害虫、害螨基数。

3）释放捕食螨的次数：第 1 次在草莓苗定植成活后 20 天，一般每亩用 5～10 瓶；第 2 次在定植 50 天后，每亩用 10～15 瓶；第 3 次在定植 80 天后，每亩用 15～20 瓶；第 4 次根据田间情况再做决定。

4）释放捕食螨的方法：购买 5 千克麦麸，将 15～20 瓶捕食螨（每瓶 25000 只）均匀倒入麦麸并轻轻搅拌，然后一边走一边撒施在每株草莓的叶片上。平均每株草莓上有 10～15 只捕食螨，即可达到控制红蜘蛛、蓟马、粉虱的目的。

5）配套措施：释放捕食螨时，发现田间红蜘蛛数量较多，应将发生较重的叶片摘掉统一装入编织袋并拿出棚室外埋掉。

（3）生物药剂防治 采用90%矿物油300～400倍液进行喷雾防治，3～5天后可以喷第2次；或选用10%阿维菌素水分散粒剂8000～10000倍液、0.3%印楝素800倍液进行喷雾防治，每隔7天喷1次，两种药交替使用效果更好。

（4）化学药剂防治 可选用对成螨、若螨、卵兼治的药剂，如43%联苯肼酯悬浮剂2000～3000倍液、20%丁氟螨酯悬浮剂1500～2500倍液、11%乙螨唑5000～7500倍液、5%噻螨酮乳油1500倍液等。采收前15天停止用药，并注意经常更换农药品种，防止螨类产生抗药性。在棚室草莓现蕾或开花后发现螨类，可用30%虫螨净烟熏剂进行熏蒸防治。

3. 蓟马

【危害与诊断】 蓟马（彩图145）种类繁多，但其危害特点基本相同。成虫、若虫多隐藏于花内或植物幼嫩组织部位，以锉吸式口器锉伤花器或嫩叶等植物组织。叶片受害时，叶脉间先出现灰白色条斑（彩图146），叶脉发黑（彩图147），严重时叶片皱缩不展、叶柄变黑、整片叶变黑（彩图148），植株矮小、生长停滞（彩图149）。花及幼果受害时，影响花芽分化，易产生畸形果；还会影响坐果，降低果实产量及品质。花受害时，花瓣呈褐色水锈状，萼片背面有褐色斑，后期整个花器变褐、干枯，萼片从尖部向下呈褐色坏死。幼果受害时，果实粗糙，果尖呈水锈状（彩图150），后期幼果呈茶褐色或黑褐色、僵死（彩图151）。

【防治方法】

（1）农业防治 及时清除病残花及病残果，有效控制蓟马种群数量；加强肥水管理，提升植株抵抗力。

（2）物理防治 利用蓟马趋蓝色的习性，设置蓝色粘虫板诱杀成虫。

（3）生物药剂防治 可选用60克/升乙基多杀菌素悬浮剂1500～3000倍液、25克/升多杀霉素悬浮剂1000～1500倍液、1.5%苦参碱可溶性液剂1000～1500倍液等进行叶面喷雾防治，每隔7～10天施用1次，连喷2～3次。

（4）化学药剂防治 可选用25%吡蚜酮可湿性粉剂3000倍液、5%啶虫脒可湿性粉剂2500倍液、10%氟啶虫酰胺水分散粒剂1500倍液、3%甲氨基阿维菌素微乳剂300倍液进行喷雾防治，每隔7～10天施用1次，连喷2～3次。

【注意】

根据蓟马昼伏夜出的特性，应在下午用药，并且要轮换或交替用药。

4. 粉虱

【危害与诊断】 目前常见的粉虱有白粉虱和烟粉虱。白粉虱成虫体长1～1.5毫米，翅面覆盖白蜡粉，停息时双翅合拢呈屋脊状，形如蛾子，翅端为半圆状（彩图152）。烟粉虱和白粉虱形态相似，但个体略小。烟粉虱寄主范围广，传染病毒能力强。大量的粉虱成虫和若虫群集于叶背（彩图153）刺吸汁液，使叶片生长受阻而变黄，影响植株的正常生长发育。由于成虫和若虫能分泌大量蜜露，堆积于叶面和果实上，往往引起煤污病的发生，严重影响叶片的光合作用和呼吸作用，造成叶片萎蔫，甚至植株枯死。

【防治方法】

（1）农业防治 清除前茬作物的残株和杂草，及时清理棚室周围的残枝败叶及杂草，摘除的病老残叶，及时进行深埋处理。

（2）物理防治 悬挂黄色粘虫板，方法同蚜虫。

（3）生物防治 人工释放丽蚜小蜂成虫，当棚室内白粉虱若虫或成虫在每株草莓上达到0.2头时，每5天人工释放丽蚜小蜂成虫，

每株放 3 头，连放 3 次，可有效控制白粉虱的危害。

（4）化学防治　定植后发生白粉虱，可选用 22.4% 螺虫乙酯悬浮剂 1500 倍液、22% 氟啶虫胺腈悬浮剂 1500 倍液、20% 啶虫脒微乳剂 3000 倍液喷洒，均有较好的防治效果。

5. 金龟子

【危害与诊断】　危害草莓的金龟子种类很多，主要有苹毛丽金龟（彩图 154、彩图 155）、小青花金龟（彩图 156、彩图 157）、黑绒金龟（彩图 158、彩图 159）等，多在春季啃食嫩叶、嫩芽、花蕾和花器等。

【防治方法】

（1）农业防治　不施用未腐熟的有机肥；结合秋季施肥进行土壤深翻，人工捡拾或用鸡、鸭啄食蛴螬；合理灌水，对计划栽植草莓的地块进行秋灌，可有效地减少土壤中蛴螬的发生数量。

（2）物理防治　利用黑光灯诱杀，进行人工捕杀。

（3）生物防治　保护利用土蜂、胡蜂、步行虫、白僵菌、青蛙等金龟子的天敌。

（4）化学防治　可利用杨、柳、榆嫩芽枝条蘸上 80% 敌百虫 100 倍液分插于草莓田进行诱杀，也可用 50% 辛硫磷乳油 1000 倍液进行喷雾或灌杀；利用金龟子成虫入土的习性，可在草莓植株周围撒施 5% 辛硫磷颗粒剂进行灭杀。

6. 小家蚁

【危害与诊断】　小家蚁（彩图 160）主要啃食草莓成熟的浆果，起初形成较小洞眼，随啃食量的增加而成为大洞坑（彩图 161），最后全果被食光。

【防治方法】　与水稻轮作，适时灌水，可抑制蚁害。适时早采成熟果实，可明显减轻蚁害。发现小家蚁危害后，定期投放蚂蚁饵进行诱杀，如将灭蚁清药粉每包分成 3 ~4 份放置在小家蚁经过的地方，其吃后 2 ~3 天就会互相传染，以致全巢死亡。或用 450% 辛硫磷

1000 倍液灌蚁穴防治。

7. 蛞蝓

【危害与诊断】 蛞蝓主要有野蛞蝓（彩图 162）、黄蛞蝓和网纹蛞蝓（彩图 163），一般白天潜伏，晚上咬食草莓的幼芽、花蕾、花梗、嫩叶和果实等部位。咬食草莓果实后，常造成果实上有孔洞，影响商品价值。蛞蝓能分泌一种黏液（彩图 164），干后呈银白色，因此凡被该虫爬过的果实，即使未被咬食，果面留有黏液，商品价值也大大降低。

【防治方法】 清除地边、田间及周边的杂草、石块和杂物等可供蛞蝓栖息的场所；排干积水，耕翻晒地，降低土壤湿度，防止过度潮湿；除草松土，使部分卵块暴露于日光下被晒裂或被天敌啄食；利用其在浇水后、雨后、清晨、晚间、阴天爬出取食活动的习性，人工捕捉；可于傍晚堆草或撒菜叶作为诱饵诱杀，第 2 天早晨揭开草堆或菜叶捕杀；苗床或草莓行间于傍晚撒石灰或在受害区地面撒草木灰；可选用 40% 蛞蝓敌浓水剂 100 倍液、10% 硫特普加等量 50% 辛硫磷兑成 500 倍液、灭蛭灵 800 ~ 1000 倍液等药剂进行喷雾防治，或用 6% 密达颗粒剂防治。

8. 同型巴蜗牛

【危害与诊断】 同型巴蜗牛分布广泛，体外贝壳质厚、坚实、呈扁球形螺壳，以成体、幼体取食植物叶、茎（彩图 165）和果实（彩图 166），造成孔洞或缺刻。苗床种子萌发期和子叶期受害，会造成毁种缺苗。

【防治方法】 草莓田覆盖地膜栽培，可明显减轻蜗牛危害；清洁田园，及时铲除田间、圩埂、沟边杂草，开沟降湿，中耕翻土，以恶化蜗牛生长、繁殖的环境；消灭成蜗，春末夏初，尤其在 5 ~ 6 月蜗牛繁殖高峰期之前，在未用农药时及时放养取食成蜗的鸡、鸭，或田间作业时见蜗拾蜗，或以杂草、树叶、菜等诱集后拾除等；每亩用生石灰 5 ~ 7 千克，于危害期撒施于沟边、地头或草莓行间，以驱避虫体，防止幼苗受害；也可每亩用6%密达杀螺粒剂0.5～0.6千克或3%灭蜗灵颗粒剂1.5～3.0千克，拌干细土10～15千克，均匀撒施于田间，蜗牛喜欢栖息的沟边、湿地适当重施，以最大限度地减轻蜗牛危害。

9. 草莓镰翅小卷蛾

【危害与诊断】 草莓镰翅小卷蛾（彩图167）主要危害草莓、黑莓和月季等植物。幼虫在虫包（彩图168、彩图169）内剥食叶肉，一生可食毁1～3片单叶。

【防治方法】 实施检疫，防止此虫传播蔓延；秋冬清洁田园，摘除虫包集中烧毁，以减少越冬虫源；加强肥水管理，促进植株健壮生长，既利于增产，又能提高植株抗虫、耐虫能力；选用5%氟啶脲乳油2000～2500倍液、15%茚虫威悬浮剂3500～4000倍液、2.5%甲氧虫酰肼悬浮剂2000～2500倍液、1%甲氨基阿维菌素苯甲酸盐乳油1500倍液进行喷雾防治。

10. 棉双斜卷蛾

【危害与诊断】 棉双斜卷蛾（彩图170）会危害草莓、黑莓、苹果、棉花、苜蓿、大麻等植物。其第1代幼虫常成批毁坏草莓的嫩心与幼嫩花序而造成经济损失。幼虫孵化后居草莓嫩心间，缀丝连成疏松虫包（彩图171），食害嫩叶、嫩心、幼蕾和嫩花序，也可食害幼果。嫩叶展开后呈不规则圆形孔洞，蕾、花及幼果上被吃成孔洞或半残，幼嫩花穗梗也可被食毁。

【防治方法】 结合田间管理捏杀虫包中幼虫；保护利用天敌；选用5%氟啶脲乳油2000～2500倍液、15%茚虫威悬浮剂3500～4000倍液、2.5%甲氧虫酰肼悬浮剂2000～2500倍液、1%甲氨基阿维菌素苯甲酸盐乳油1500倍液进行喷雾防治。

11. 红棕灰夜蛾

【危害与诊断】 红棕灰夜蛾（彩图172、彩图173）主要于春、秋两季食害草莓嫩心、嫩蕾、花序和幼果，春季危害严重。

【防治方法】 摘除病老残叶，扑杀幼虫；选用5%氟啶脲乳油2000~2500倍液、15%茚虫威悬浮剂3500~4000倍液、2.5%甲氧虫酰肼悬浮剂2000~2500倍液、1%甲氨基阿维菌素苯甲酸盐乳油1500倍液进行喷雾防治。

12. 古毒蛾

【危害与诊断】 古毒蛾的幼龄幼虫主要食害草莓的嫩芽、幼叶和叶肉，幼虫将叶片食成缺刻和孔洞，严重时把叶片食光（彩图174）。

【防治方法】 冬、春季人工摘除卵块并灭杀；保护利用天敌，主要有小茧蜂、细蜂、姬蜂及寄生蝇等；利用黑光灯诱杀成虫；幼虫期进行喷药防治，发生初期可选用5%氟啶脲乳油2000~2500倍液、15%茚虫威悬浮剂3500~4000倍液、2.5%甲氧虫酰肼悬浮剂2000~2500倍液、1%甲氨基阿维菌素苯甲酸盐乳油1500倍液。

13. 鸟害

【危害与诊断】 危害草莓的鸟类有很多，这些鸟类主要危害露地栽培的草莓成熟果实（彩图175、彩图176）。

【防治方法】 露地草莓果实成熟期人为赶鸟，可减少鸟害；采用视觉驱鸟装置，如在地里插上“稻草人”或彩旗等，可把鸟吓走；采用防鸟网。

六、主要地下害虫及其防治

1. 蝼蛄

【危害与诊断】 我国主要有非洲蝼蛄和华北蝼蛄两种。蝼蛄以成虫（彩图177）、若虫（彩图178）咬断草莓幼根和嫩茎，造成死秧（彩图179）缺苗，被咬断的部分呈乱麻状。蝼蛄的活动将表土层窜成许多隧道，使苗根脱离土壤，致使幼苗因失水而枯死，严重时造成缺苗断垄。棚室内由于温度高，蝼蛄活动早，加之幼苗集中，受害更重。

【防治方法】 施用充分腐熟的粪肥，减少其卵；于蝼蛄发生期，在田间堆新鲜马粪，并在堆内放少量农药，招引蝼蛄，并将其杀死；蝼蛄危害期，在田边利用电灯、黑光灯诱杀成虫，可减少田间虫口密度；可选用 3% 甲维盐微乳剂 3000 倍液、150 克/升茚虫威悬浮剂 3000 倍液、15% 高效氯氟氰菊酯微乳剂 1000～2000 倍液、50% 辛硫磷乳油 1200 液等进行地面喷雾或灌根防治。

2. 蛴螬

【危害与诊断】 蛴螬（彩图 180）是金龟子的幼虫，俗称地蚕，成虫通称为金龟甲或金龟子。金龟子成虫和幼虫均可危害草莓，成虫主要危害草莓叶片，一般发生较轻；幼虫（蛴螬）在地下取食草莓根颈（彩图 181、彩图 182），轻者损伤根系，生长衰弱，严重的引起植株萎蔫（彩图 183），甚至枯死。

【防治方法】 不选马铃薯、甘薯、花生、韭菜等前茬地栽培草莓；对下年计划栽培草莓的地块，结合秋季施肥进行深翻，对翻出的蛴螬，人工捡拾；不施用未腐熟的有机肥；可设置黑光灯诱杀其成虫，减少蛴螬的发生数量；利用茶色食虫虻、金龟子黑土蜂、白僵菌等进行生物防治；可选用 3% 甲维盐微乳剂 3000 倍液、150 克/升茚虫威悬浮剂 3000 倍液、15% 高效氯氟氰菊酯微乳剂 1000～2000 倍液、50% 辛硫磷乳油 1200 液等进行地面喷雾或灌根防治。

3. 地老虎

【危害与诊断】 我国常见的有小地老虎、黄地老虎和大地老虎，其中以小地老虎和黄地老虎分布普遍，主要以幼虫啃食草莓近地面茎顶端的嫩心、嫩叶柄、幼叶、幼嫩花序和果实。受害叶片呈半透明的白斑或小孔，3 龄以后的幼虫白天潜伏在表土中，傍晚和夜间出来为害，常咬断根状茎，使整株萎蔫死亡，或啃食叶片（彩图 184）和果实（彩图 185），将果实食空。

【防治方法】 秋耕冬灌，栽苗前认真翻地、整地，或在地老虎初龄幼虫期铲除杂草，可消灭部分虫、卵；用糖、醋、酒诱杀液或甘薯、胡萝卜等发酵液诱杀其成虫；用泡桐叶或莴苣叶诱捕幼虫，并于每天清晨到田间捕捉；对高龄幼虫，也可在清晨到田间检查，如果发现有断苗的，拨开附近的土块，进行捕杀；可选用3%甲维盐微乳剂3000倍液、150克/升茚虫威悬浮剂3000倍液、15%高效氯氟氰菊酯微乳剂1000～2000倍液、50%辛硫磷乳油1200液等进行地面喷雾或灌根防治。

4. 金针虫

【危害与诊断】 危害草莓的金针虫主要有沟金针虫和细胸金针虫。在草莓生长期，金针虫先潜伏在草莓穴的有机肥内，后钻入草莓苗根部或根颈部近地表处蛀食，使草莓苗地上部分萎蔫死亡，一般受害植株主根很少被咬断，受害部位不整齐，呈丝状，这是金针虫危害造成的显著特征之一。果实成熟期，金针虫幼虫（彩图186）还能蛀入果实（彩图187），造成深洞伤口，有利于病原菌的侵入而引起腐烂。

【防治方法】 合理轮作，做好翻耕暴晒，减少金针虫越冬虫源；加强田间管理，清除田间杂草，减少其食物来源；利用金针虫的趋光性，在开始盛发和盛发期于田间地头设置黑光灯，诱杀金针虫成虫，可减少田间卵量；结合翻耕整地用50%辛硫磷乳油75毫升拌细土2～3千克撒施，施药后浅锄；也可选用3%甲维盐微乳剂3000倍液、150克/升茚虫威悬浮剂3000倍液、15%高效氯氟氰菊酯微乳剂1000～2000倍液、50%辛硫磷乳油1200液等进行地面喷雾或灌根防治。

第九章
草莓果实的采收、包装运输和市场

第一节　草莓果实的采收

草莓采收是生产中的最后一个环节，也是影响草莓产品销售及贮藏的关键环节。草莓果实柔软多汁，不耐贮运，采收、运输过程中极易发生损伤和腐烂，所以一般多随采随销。

一、采收标准

草莓果实，若过熟采收，易因变色、变质而失去商品价值；若成熟度不够便采收，果实色泽、风味、内含物质积累均达不到应有要求，难以达到品种的固有品质，从而商品性差。草莓从开花至果实成熟需要一定的天数，露地栽培条件下，果实发育天数一般为30天左右，早、中、晚熟品种有一定的差异；设施栽培条件下，果实发育的天数与棚室内的温度和光照有关，温度高、光照好，果实成熟快，反之成熟慢。确定草莓成熟度的重要指标是果面着色程度。草莓在成熟过程中果面由最初的绿色，逐渐变为白色，最后成为红色至浓红色，着色面积由小变大，果实具有光泽。确定适宜的采收期，要根据品种、用途和销售市场的远近等条件综合考虑。一般以果面着色达到70%以上时开始采收，作为鲜食用的品种以八成熟采收为宜，但硬肉型品种以果面接近全红时采收才能达到该品种应有的品质和风味，也并不影响贮运。供加工果酱、果汁饮料、果冻的，要求果实全熟时采收，以提高果实的含糖量和香味；供加工罐头用的，要求果实大小一致，果面着色70%~80%时采收较为适宜；远距离销售时，以七八成熟时采收为宜，就近销售或用作现采现吃的宜在全熟时采收，但也不宜过熟。

二、果实采收时间和方法

果实采收前要做好采收、包装准备。一般选用高度约10厘米的塑料筐作为草莓采收的容器。露地栽培采收一般可持续20~40天，设施栽培采收期可长达半年，同一果穗中各级序果成熟期也不同，必须分期采收。果实刚开始成熟时数量较少，每隔1~2天采1次即可，采果盛期每天采收1次。最好在早晨露水已干至11：00之前或傍晚温度较低时进行，因为这段时间温度相对较低，果实温度也相对较低，有利于果实存放。中午前后温度较高，果实硬度较小，果梗变软，不但采摘费工，而且果皮易破，不易保存，也易腐烂变质。草莓果实皮薄，果肉柔软、多汁，采收时切勿用手握住果实使劲往下拉，必须轻摘轻放，用手掌轻轻包住果实，不挤压果皮，向上翻折即可。采收的果实要求不损伤花萼，将其按大小分级，轻轻摆放于容器内。对病虫果、畸形果和碰伤果应单独装箱，不可混装。草莓果实不耐压，故采收所用的容器要浅，底要平，内壁要光滑，内垫软的垫衬物；为防止挤压，不宜将果实叠放超过3层，采收容器不能装得过满。国外一些国家坐在小车上（图9-1）采收，这样可以避免因长时间蹲着或猫腰而对身体造成伤害。

图9-1　坐在小车上采收

三、采后需要考虑的事项

时间和耐心是获得好收成的前提保障，但鲜果变质是不可避免的，这是呼吸作用导致的，而所有的有机体都有呼吸作用，在物质转化为能量复杂的过程中，淀粉和糖首先转化为有机酸，然后转化成简单的含碳化合物，此过程需要利用空气中的氧气，同时会释放二氧化碳和热量。

果实的呼吸作用会使糖度下降，呼吸速率或变质速度可以通过单位果实重量产生二氧化碳的量来推算。由表 9-1 可以看出，降低呼吸速率的方法是降低贮藏室的温度、提高二氧化碳含量、降低氧气含量。

表 9-1　草莓果实在不同温度下的呼吸速率

温度/℃	呼吸速率/[毫克/(千克·小时)]
0	15
5	28
10	52
15	83
20	127

采后预冷是维持草莓品质的一种重要手段，温度每下降 10℃，呼吸速率就会降低 50% 左右。在温度为 25℃、相对湿度 30% 时，鲜果的失水速度是温度为 0℃、相对湿度 90% 时的 35 倍。所以，采后的草莓进行迅速预冷并保持适宜的温湿度是至关重要的。

四、果实分级

1. 果实的基本要求

完好；无腐烂和变质果实；洁净，无可见异物；外观新鲜；无严重机械损伤；无害虫和虫伤；具有萼片，萼片和果梗新鲜、绿色；无异常外部水分；无异味；充分发育，成熟度满足运输和采后处理要求。

2. 草莓感官品质指标分级标准

在符合果实基本要求的前提下，草莓果实分为特级、一级和二级3个等级，见表9-2。

表9-2 草莓感官品质指标分级标准

特　级	一　级	二　级
优质，具有本品种的特征，外观光亮，无泥土。除不影响产品整体外观、品质、保鲜及其在包装中摆放的非常轻微的表面缺陷外，不应有其他缺陷	品质良好，具有本品种的色泽和果型特征，无泥土。允许有不影响产品整体外观、品质、保鲜及其在包装中摆放的下列轻微缺陷： ——不明显的果型缺陷(但无肿胀和畸形) ——未着色面积不超过果面的1/10 ——轻微的表面压痕	本等级包括不满足特级和一级要求，但满足基本要求的草莓。在保持品质、保鲜和摆放方面基本特征前提下，允许有下列缺陷： ——果型缺陷 ——未着色面积不超过果面的1/5 ——不会蔓延、干的轻微擦伤 ——轻微的泥土痕迹

注：本表内容摘自中华人民共和国农业行业标准NY/T 1789—2009。

3. 草莓大小规格分级标准

草莓果实可分为大、中、小3个规格，见表9-3。

表9-3 草莓大小规格分级标准 （单位：克）

规格		大	中	小
大型果	单果重	>25	20~25	≥15
	同一包装中单果重差异	≤5	≤4	≤3
中型果	单果重	>20	15~20	≥10
	同一包装中单果重差异	≤4	≤3	≤2
小型果	单果重	>15	10~15	≥5
	同一包装中单果重差异	≤3	≤2	≤1

注：本表内容摘自中华人民共和国农业行业标准NY/T 1789—2009。

第二节　草莓果实的包装运输

一、草莓果实的包装

1. 包装的作用

草莓包装是标准化、商品化、保证安全运输和贮藏的重要措施。草莓只有通过合理的包装，才能在运输途中保持良好的状态，减少因相互碰撞、挤压而造成的机械损伤，减少水分蒸发，避免腐烂变质。包装可以使果实在流通中保持良好的稳定性，为市场交易提供标准的规格单位，免去销售过程的产品过秤，便于流通过程中的标准化。所以，适宜的包装对提高商品质量和信誉度是十分有益的。发达国家为了增强商品的竞争力，特别重视产品的包装质量。

2. 包装的种类和规格

草莓的包装容器应具备保护性、通透性、防潮性、清洁、无污染、无有害化学物质。另外，需保持容器内壁光滑，容器还需符合食品卫生要求、美观、重量轻、成本低、易于回收。包装外应注明产品名称、等级、净重、产地、生产单位及无公害食品（或绿色食品、有机食品）标志等。标志上的字迹应清晰、完整、准确。

草莓果实的包装分为外包装和内包装两种。内包装采用符合食品卫生要求的透明小包装盒（图 9-2）、有海绵内衬的小纸盒（图 9-3）、塑料泡沫盒（图 9-4）等。外包装采用纸箱或塑料周转箱，应坚固耐用、清洁卫生、干燥、无异味。一般每个外包装箱装 4 ~6 小盒草莓，也可根据市场需求自行确定。为防止果实在运输过程中受震动和相互碰撞，可以在内包装底部放海绵、无纺布（图 9-5）等垫衬物。

3. 草莓果实的预冷

预冷是将采收的新鲜草莓在运输、贮藏或加工前迅速除去田间热，将果实温度降低到适宜温度的过程，可以减少果实的腐烂，最大限度地保持果实的新鲜度和品质。草莓果实采收以后，高温对保持品质是十分不利的，特别是露地草莓收获时正值夏季，高温对果实危害更大。所以，果实采后在贮藏运输前必须尽快除去田间热。预冷措施必须在产地采后立即进行，这样才能保持果实的新鲜度和品质。

图 9-2　透明小包装

图 9-3　有海绵内衬的小纸盒

图 9-4　塑料泡沫盒

图 9-5　盒内垫一层无纺布

预冷方式有多种，一般分为自然遇冷和人工预冷。人工预冷中有冰接触预冷、风冷、水冷和真空预冷等方式。生产中以自然降温冷却和冷库空气冷却应用较多。无论采用哪种方式预冷，都应掌握适当的预冷温度和速度，为了提高冷却效果，要及时冷却和快速冷却。冷却的最终温度在 0℃左右，草莓冰点为 -1.08 ~ -0.85℃，所以冷却的最终温度不能低于 -0.85℃。

自然降温冷却是最简单易行的预冷方法，是将采后的果实放在阴凉通风的地方，使其自然散热。这种方式冷却的时间较长，受环境条件影响大。在没有更好的预冷条件时，自然降温冷却是一种好方法。

冷库空气冷却是一种简单的预冷方法，它是将果实放在冷库中降温冷却。在堆码时包装容器间应留有适当的间隙，保证气流通过。

预冷后的处理要适当，果实预冷后要在0~1℃温度下进行贮藏、运输，若仍在常温下进行贮藏、运输，不仅达不到预冷的目的，甚至会加速腐烂变质。

二、草莓果实的运输

草莓果实皮薄、肉软、汁多，在运输过程中，振动是经常出现的。剧烈的振动会给果实造成机械损伤；同时伤口容易引起病菌的侵染，造成果实腐烂。所以，在果实运输过程中，应尽量避免振动或减轻振动。一般铁路运输的振动强度小于公路运输，海路运输的振动强度又小于铁路运输。运输时要做到轻装、轻卸，严防机械损伤。

温度和湿度是果实运输中的重要因素。随着温度的升高，果实的代谢速率、水分的消耗都会大大加快，影响果实的新鲜度和品质；温度过低会造成冷害，常温运输易受环境温度的影响，低温运输受环境温度的影响较小。所以，草莓果实最好使用冷藏车运输，且运输过程中的温度宜保持在1~2℃，空气相对湿度保持在90%~95%。

第三节　草莓销售

草莓鲜果的销售途径主要有4种：顾客自采、零售、订单销售给加工厂（速冻、罐头、果酱、果酒、果冻、果脯等）、网络销售。大多数草莓种植者通常会采用其中2种或3种销售途径来降低销售风险。

一、观光采摘

观光采摘目前是草莓发展的一大趋势，事实证明，观光采摘是否成功与采摘园的位置密切相关。采摘园想要吸引更多的消费者，其位置最好距离人口密集区 32 千米之内，并且这个区域内没有其他的采摘园。

采摘园的位置应在主干道上或者离主干道较近，这样顾客比较容易到达，也乐意去这样交通方便的采摘园进行采摘。要想建立一定的顾客基础，采摘园必须有很好的口碑，如采摘园的道路要方便顾客行驶，停车场要足够大，厕所、饮水间、遮阴棚和休息椅等设施应齐全，如果有娱乐设施，尤其是为儿童提供的设施必须符合标准，规章制度要清晰可见。

采摘园是家庭消遣的首选场所，家庭成员都会采摘很多草莓，包括儿童，所以要有管理人员指导儿童采摘。如果可以增加一些儿童设施（如儿童乐园或宠物乐园）是最好不过的。采摘园区也可以设置鱼塘，这样喜欢钓鱼的顾客还可以进行垂钓。

采摘园的整体规划应便于所有的田间操作。种植者可以种植一些其他植物来吸引消费者，还可以提供介绍制作果酱、果酒的小册子，那样可能会吸引更多的顾客光顾。

二、田间地头零售和批发

1. 田间地头零售

如果种植者的草莓园不适合提供自采服务，则可以采用田间地头零售或市场零售的方式进行销售。

2. 批发

鲜果批发也是因为有些种植者的草莓园不适合提供自采服务而采用的销售途径。鲜果批发可以在批发市场进行，也可以在田间直接批发，还可以通过包装批发给超市等。批发意味着需要采收大量的草莓果实，通过预冷来延长货架期，之后运送到超市或仓库。种植者必须在采收前与买主联系妥当，并规划详细的进度表，制订包装设计，洽谈支付细节。出口的部分可能会经过特殊的处理和包装。

将批发和直接销售联合起来比较妥当。批发鲜果采收时间应该安排在早上，而且越早越好，中午之前必须结束，这样采收的果实表面比较干燥，保证了果实的最佳状态。

三、订单销售给加工企业

在草莓露地栽培中，果实成熟期比较集中，种植者应与加工企业先签订鲜果销售协议。加工企业的加工品一般包括速冻草莓、果酱、果酒、罐头、果干等，这样可以大大提高草莓的附加值，增加效益。

四、网络销售

种植者也可以通过淘宝、微信朋友圈、微店、抖音等方式进行网上销售。一定要结合草莓的特色，如外观靓丽、营养丰富、医疗保健价值高等特点，配合图片、视频等，做成漂亮的文案进行宣传，并且包装要精美，且对果实无损害。最好选择有冷链运输的快递公司进行运输。

附　　录

附录 A　草莓栽培全年作业历

时　　间	相关内容
3 月	（1）北方露地栽培　去防寒物并中耕。根据天气去除地膜等防寒覆盖物，及时摘除病老残叶、中耕、除草、浇水 （2）设施栽培 ① 果实采收期：温度白天为 20～23℃、夜间为 5～7℃，控制湿度 ② 及时追肥：随滴灌追施氮、磷、钾平衡型水溶肥，每亩追施 3～5 千克 ③ 植株管理：摘除病老叶、匍匐茎 ④ 虫害防治：注意防治蚜虫、红蜘蛛
4 月	（1）露地栽培 ① 追肥浇水：露地草莓返青，结合追肥浇返青水，可随滴灌追施氮、磷、钾平衡型水溶肥，每亩追施 3～5 千克 ② 叶面喷肥：花前可喷施 0.2%～0.3% 磷酸二氢钾或氨基酸叶面肥 1～2 次 ③ 疏花疏蕾：高级次的无效花蕾可适当疏掉，以节省养分消耗，提高果品质量 （2）设施栽培 ① 撤棚膜：设施草莓，根据温度撤除棚膜 ② 植株管理：摘除病老叶、匍匐茎，及时浇水、追肥 ③ 虫害防治：注意防治蚜虫、红蜘蛛 （3）繁苗田定植　繁苗田及时定植种苗

（续）

时　间	相关内容
5月	（1）露地栽培果实成熟期 ① 适当浇水：土壤干旱时要适当浇水，结合浇水再追施1次氮、磷、钾平衡型水溶肥，浇水时要注意早、晚浇，浇小水，避免积水和暴晒 ② 摘除匍匐茎：为了集中营养用于结果，要及时摘除新生的匍匐茎，以节省养分消耗，促进果实生长 ③ 铺草垫果：未覆盖地膜的地块可铺草垫果 ④ 适时采收：果实成熟后要及时采收，进行分级后把优质果及时外运销售。采收时间是在上午露水干后，这样果实整洁，不易腐烂 （2）设施栽培　摘除病老叶、匍匐茎，及时浇水、追肥，采收结束 （3）繁苗田管理 ① 及时摘除花果：为了集中养分，减少消耗，及时摘除花果 ② 压匍匐茎：根据植株周围空间将匍匐茎在母株周围摆开，并用土压蔓，使其定向生长 ③ 喷施赤霉素：于5月中下旬，可喷施40~60毫克/升赤霉素1~2次，以促发匍匐茎
6~7月	（1）繁苗田管理 ① 及时浇水：6月易高温干旱，要及时浇水并结合中耕 ② 及时拔草：7月雨水较多，杂草丛生，要及时锄草或拔草 ③ 及时防病：此期叶斑病、炭疽病发病较重，应及时防治 ④ 追施速效肥：6月下旬及7月中下旬追施氮、磷、钾平衡型水溶肥各1次，每亩施3~5千克，并结合浇水 （2）棚室土壤消毒　利用太阳能加石灰氮或氯化苦或棉隆进行土壤消毒
8月上中旬	（1）繁苗田管理　摘除繁苗田多余的匍匐茎和小子苗。历经4个月的生长扩繁，到8月上旬扩繁系数达到高峰，繁苗地已基本布满，因此要及时摘除多余的匍匐茎和8月下旬定植前未能长成的小子苗 （2）定植前整地 ① 施足基肥并翻耕：每亩施用腐熟的优质有机肥5000千克或商品有机肥1000千克，氮、磷、钾复合肥50千克，底肥撒匀后翻耕，深度为30厘米左右，然后做高畦 ② 做高畦：高畦南北走向，高畦面宽50~60厘米、高30厘米，沟上面宽30~40厘米、底宽30厘米左右，将畦面踏实整平，准备定植 ③ 铺设滴灌管

（续）

时 间	相关内容
8月下旬及9月上旬	① 秧苗选择：品种纯正、成龄叶片5片以上、有心、茎粗0.8厘米以上、须根多、无病虫害、不徒长、植株完整的优质壮苗 ② 秧苗定植：露地栽培和设施栽培均在8月下旬及9月上旬定植，穴盘苗和带土坨苗可适当晚栽
9月中下旬	① 浇水：浇水时可结合腐殖酸类、海藻酸类促根肥料 ② 检查秧苗：浇水后，注意将淤心挖出，将露根埋好，并及时检查成活情况 ③ 及时补苗：定植2周，如果没有新芽发出，就及时补苗，要选择优质壮苗或假植苗，补后及时浇水 ④ 中耕除草：连续浇水后要抓紧时间除草并松土 ⑤ 预防病虫害：注意预防白粉病、炭疽病、根腐病及蚜虫、粉虱、蓟马等病虫害
10月	① 加强植株管理，避免旺长：及时摘除病残老叶，叶面喷施0.3%磷酸二氢钾2~3次，及时浇水和预防病虫害 ② 设施栽培扣棚保温：当温度降到8℃左右时开始盖棚膜保温 ③ 设施栽培喷施赤霉素：保温开始后的1周内可以喷施5毫克/升赤霉素1次，每株喷5毫升，要注意喷施苗心，且在晴天喷施。休眠浅的品种可以不喷或少喷 ④ 预防病虫害：注意预防白粉病、炭疽病、根腐病及蚜虫、粉虱、蓟马等病虫害。扣棚膜以后，可采用烟熏剂进行熏棚来预防病虫害 ⑤ 追肥浇水：随滴灌追施氮、磷、钾平衡型水溶肥3~5千克/亩
11月	① 灌冻水：露地栽培在上冻前要灌1次冻水，灌透、灌足 ② 覆盖防寒：露地栽培浇冻水后覆盖地膜或其他防寒物，如马粪、秸秆等 ③ 设施栽培植株管理：及时摘除病残老叶、疏花、去侧芽 ④ 设施栽培放蜂授粉：设施栽培11月中下旬进入花期，进行放蜂辅助授粉。每棚可放1箱蜂，在花前3天放入蜜蜂 ⑤ 追肥浇水：随滴灌追施氮、磷、钾平衡型水溶肥3~5千克/亩，并注意配合施入腐殖酸类、海藻酸类等有机肥 ⑥ 温湿度管理：控制温度白天22~25℃、夜间12℃左右，最低为8℃，湿度为50%左右

（续）

时　　间	相关内容
12 月	① 设施栽培加强温度管理：白天 20～24℃，夜间 8～10℃，最低 5℃ ② 设施栽培及时采收：设施栽培一般 12 月中旬果实成熟，要及时采收上市 ③ 设施栽培追肥浇水：随滴灌追施氮、磷、钾平衡型水溶肥 3～5 千克/亩，并注意配合施入腐殖酸类、海藻酸类等有机肥 ④ 补光：根据天气情况，进行适当补光 ⑤ 植株管理：及时去除病老残叶
1～2 月	① 设施栽培草莓继续采收：果实八成熟时即可采收，及时贮运上市，并注意棚室保温，使温度白天为 20～24℃，夜间为 6～8℃ ② 植株管理：及时去除病老残叶 ③ 设施栽培追肥浇水：随滴灌追施氮、磷、钾平衡型水溶肥 3～5 千克/亩，并注意配合施入腐殖酸类、海藻酸类等有机肥

附录 B　常用农药通用名与商品名对照表

商　品　名	通　用　名	作用类型
翠贝	醚菌酯	杀菌剂
阿米西达	嘧菌酯	杀菌剂
世高	苯醚甲环唑	杀菌剂
露娜森	氟吡菌酰胺·肟菌酯	杀菌剂
凯润	吡唑醚菌酯	杀菌剂
健达	氟唑菌酰胺·吡唑醚菌酯	杀菌剂
速克灵	腐霉利	杀菌剂
杀毒矾	噁霜·锰锌	杀菌剂
普力克	霜霉威	杀菌剂
适乐时	咯菌腈	杀菌剂

（续）

商品名	通用名	作用类型
凯泽	啶酰菌胺	杀菌剂
拿敌稳	戊唑醇·肟菌酯	杀菌剂
百泰	吡唑醚菌酯·代森联	杀菌剂
阿米妙收	苯醚甲环唑·嘧菌酯	杀菌剂
克露	霜脲·锰锌	杀菌剂
金雷	精甲霜灵·锰锌	杀菌剂
大生	代森锰锌	杀菌剂
好迪施	百菌清	杀菌剂
威信	枯草芽孢杆菌	杀菌剂
可杀得叁千	氢氧化铜	杀菌剂
艾绿士	乙基多杀霉素	杀虫剂
功夫	高效氯氟氰菊酯	杀虫剂
金螨枝	丁氟螨酯	杀虫剂
爱卡螨	联苯肼酯	杀虫剂
来福禄	乙螨唑	杀虫剂
螨危	螺螨酯	杀虫剂
除尽	虫螨腈	杀虫剂
虫螨克	阿维菌素	杀虫剂
康宽	氯虫苯甲酰胺	杀虫剂
可立施	氟啶虫胺腈	杀虫剂
碧护	赤霉酸·吲哚乙酸·芸苔素内酯	生长调节剂

参考文献

[1] 郝保春. 草莓生产技术大全 [M]. 北京：中国农业出版社，2000.

[2] 邓明琴，雷家军. 中国果树志：草莓卷 [M]. 北京：中国林业出版社，2005.

[3] 张运涛，王桂霞，董静. 无公害草莓安全生产手册 [M]. 北京：中国农业出版社，2008.

[4] 张志宏，杜国栋，张馨宇. 图说棚室草莓高效栽培关键技术 [M]. 北京：金盾出版社，2009.

[5] 杨莉，郝保春. 草莓优质高产栽培技术 [M]. 北京：化学工业出版社，2011.

[6] 郝保春，杨莉. 草莓病虫害诊断与防治原色图谱 [M]. 北京：金盾出版社，2012.

[7] 普利茨，汉德林. 草莓生产技术指南 [M]. 张运涛，译. 北京：中国农业出版社，2012.

[8] 麦斯. 草莓病虫害概论 [M]. 张运涛，张国珍，译. 2 版. 北京：中国农业出版社，2012.

[9] 雷家军. 有机草莓栽培实用技术 [M]. 北京：化学工业出版社，2014.

[10] 赵霞，周厚成，李亮杰，等. 草莓高效栽培与病虫害识别图谱 [M]. 北京：中国农业科学技术出版社，2017.

[11] 路河. 草莓高效基质栽培技术手册 [M]. 北京：化学工业出版社，2018.

[12] 唐韵，蒋江. 杀菌剂使用技术 [M]. 北京：化学工业出版社，2018.

[13] 潘阳，孙茜. 草莓疑难杂症图片对照诊断与处方 [M]. 2 版. 北京：中国农业出版社，2019.